The characteristic towns'

collection of expert sharing and creative design

特色小镇

专家分享、设计创意集

与美同行·2017特色小镇系列活动组委会　编著

 中国林业出版社

图书在版编目（CIP）数据

特色小镇专家分享、设计创意集 / 与美同行·2017 特色小镇
系列活动组委会编著 . —北京 : 中国林业出版社 , 2018.5

ISBN 978-7-5038-9691-0

Ⅰ . ① 2… Ⅱ . ①特… Ⅲ . ①小城镇—城市规划—建
筑设计—作品集—中国—现代 Ⅳ . ① TU984.2

中国版本图书馆 CIP 数据核字 (2018) 第 171531 号

出版　中国林业出版社（100009　北京西城区德内大街刘海胡同 7 号）

　　　　网址：http://lycb.forestry.gov.cn　电话：010-83143629

印刷　固安县京平诚乾印刷有限公司

版次　2018 年 10 月第 1 版

印次　2018 年 10 月第 1 次

开本　889mm×1194mm　1/16

印张　12.5

字数　433 千字

定价　128.00 元

工业园中心景观
研发中心
展览中心
入口水景
屋顶通道
创意集市街区
亲水生态河岸
草坪露营营地
岭南风情商业街
风情商业街中心景观

序

F o r e w o r d

从风景园林学科教育到特色小镇建设

　　风景园林学科是综合利用科学、技术和艺术手段保护和营造人类美好的室外境域的一个行业和学科。风景园林学科的基础是人类生活空间与自然的关系，核心是室外人居环境的规划、设计、建造、管理。它既强调协调人与自然的关系，也研究人类生活，包括社会、心理、艺术。包括规划与设计、施工与管理、观赏植物等范畴，与土木、建筑、城市规划、哲学、历史和文学艺术等学科紧密结合，是一门与多学科存在交叉的综合性学科。现风景园林服务领域主要包含风景园林规划与设计、风景园林工程与技术、风景园林植物与应用、风景资源与遗产保护和风景园林经营与管理五个领域。风景园林专业就是要培养出具有较强的专业能力和职业素养、具有创新性思维从事风景园林规划、设计、建设、保护和管理等工作的应用性、复合型、高层次专门人才。20世纪80年代以来，风景园林的学科建设、教育、行业及建设等各项工作在全国得到了很大发展，为城市景观、城乡园林绿化和人居环境的改善作出了巨大的贡献。

　　在特色小镇建设中，生态是前提，产业是关键，社会发展是目的。尤其是特色小镇产业的植入，要注重对生态环境和自然资源的保护，要兼顾各方的利益，实现可持续发展。所以，特色小镇建设当中首先要遵循的就是"生态优先"，生态优先涉及生态保护、生态修复和生态安全等范畴。要采取近自然设计、低养护绿化等手法，注重生态安全，结合本地水文、土壤、气候、植被等自然条件进行规划设计，保持稳定自然生态系统循环，提高绿地系统的抗灾减灾能力，促进生态、生物多样性和城乡绿色持续发展。同时，兼顾景观、文化的多样性，培育特色产业，为特色小镇创造活力。从这一点上看，风景园林与特色小镇就像一对孪生兄弟如影随形，风景园林应当渗透到特色小镇的每个角落，特色小镇就应当是生态城镇。

　　特色产业的导入和地域文化的保育是特色小镇建设与运营的灵魂所在。要结合本土文化、历史等进行规划设计和建设，重点打造产业特色，推进产业再造和城市运营。特色产业是特色小镇发展的核心，特色小镇产业的选择、导入与培育是特色小镇开发的难题与推进的关键。棕榈股份经过3年的转型与探索，已形成建设端—运营端—内容端"三位一体"的棕榈生态城镇全产业链。建设端主要分为规划设计、工程建设、资源整合三方面；运营端是通过对生态城镇建设和发展模式探索，引导制定行业标准，再进行特色小镇固定模式复制输出；内容端包含了基础产业（教育、医疗、餐饮、酒店）。棕榈股份已在文娱（VR）、娱乐（电影）、体育（足球）等特色产业方面开疆拓境，棕榈建设的第一批特色小镇，如以山地旅游为核心的生态城镇标杆"云漫湖休闲小镇"，以融入当地特色为核心的文创旅游小镇"时光贵州"，以及以美丽乡村为核心的生态城镇标杆"长沙浔龙河生态艺术小镇"，都取得了阶段性的成果。总之，应以尊重和保护生态基底为基础，以人们追求更加优美的城市景观、良好的人居环境和优良的创业环境为目标，结合产业开发与再造，打造出富有机遇和发展的生态小镇，这是特色小镇建设的最终目的所在。

小榄镇是改革开放的前沿地，是中山市西北部工商业重镇、区域商贸中心，产业发展已达二三十年，是发展较好的城市之一。但由于用地紧缺、地块零散等问题，小榄的特色小镇建设和三旧改造迟迟难以实施。

这次首届"棕榈杯"特色小镇设计创意邀请赛，围绕小榄特色小镇核心区——创意产业园及城市街区改造更新项目作为设计项目，以发掘原有产业秉赋和文化底蕴与创意设计相结合为核心，结合组织参赛选手对棕榈股份投资建设的贵州省时光贵州、云漫湖休闲小镇以及贵阳泉湖公园，中山市孙中山故里旅游区等项目的游学和考察，让参赛者结合实际，将园林景观及产业等导入到小榄特色小镇规划创意中。

本次系列活动的重头戏，2017特色小镇（广东）发展研讨会，更以"特色小镇可持续发展"为主题，通过专家和导师的分享，结合考察和游学获得的感受和经验，与会者与各校师生间进行了四场激烈的思维碰撞，尤其是开放式的方案评审，都是真正意义上的理论运用于实践的教学。本次大赛中，重庆大学和华南理工大学以独特的创意、合理的产业布局而拔得头筹，其他案例也从不同的设计理念和多方位的构思，将规划设计与小榄产业紧密结合起来，不失为一场具有实际应用意义的大赛。

这次活动以国家特色小镇发展政策为基础，将珠三角特色小镇案例、产学研合作、游学、竞赛与学术研讨有机结合，是一次大胆而新颖的尝试。本次"棕榈杯"参赛的队伍，虽来自农林建筑理工美术等不同院校，但基本以风景园林专业硕士研究生为主，特色小镇建设需要掌握的多领域专业知识，都在方案竞赛中有所反映。因此，这次活动对今后的特色小镇建设和规划以及对风景园林的专业教育，都有良好的启发意义。

通过"棕榈杯"特色小镇设计创意邀请赛及系列活动，加强新时代新型城镇化建设与高等教育人才培养之间的互动与化学反应，对于风景园林专业学位人才培养及职业需求导向及提高风景园林专业学位实践能力、创新风景园林专业学位人才培养与产学结合，都是有益的尝试。

最后，要衷心感谢这次活动的支持和主办单位：包括广东省发展和改革委员会、中国人民政治协商会议中山市委员会、南方报业传媒集团、全国风景园林专业学位研究生教育指导委员会、中国风景园林学会教育工作委员会、广东省城市规划协会、棕榈生态城镇发展股份有限公司、中山市小榄镇镇政府；以及感谢承办单位：棕榈教育咨询有限公司、广东省棕榈公益基金会、棕榈设计有限公司、棕榈生态城镇科技发展(上海)有限公司等精心安排；同时，也要感谢清华大学、北京大学、北京林业大学、中山大学等全国近40所高校以及社会各方的参与。

本书整合了各位行业学者、专家等分享的金句名言，也收集了本次创意大赛的优秀作品，是此次系列活动的精华所在，是一次精彩绝伦的成果展示。希望本书能使各位读者对特色小镇建设与发展有进一步的了解，唤起更多"有志青年"关注特色小镇的发展，以崭新的创意和热情，不断投身到相关设计建设和投资运营中。本人也期待，这次活动能为下一届特色小镇设计创意和游学活动提供良好的参考，能成为长期坚持的品牌活动。

2018年5月4日于棕榈股份办公室

菊园迎宾　　　龙湖
高级酒店　　　野芳绕山脚
山景别墅　　　小飞虹
接待中心　　　芳林啼径
人才公寓　　　滨水休憩草坪
人才孵化园　　滨水步道
小榄文化宫　　观恩亭
小榄中央水道　主入口　　水系生成 Water
龙山　　　　　次入口1
腾龙塔　　　　次入口2
书画小花园　　次入口3

生态设计

目录

C o n t e n t s

首届"棕榈杯"特色小镇设计创意邀请赛组委机构

主办单位： 全国风景园林专业学位研究生教育指导委员会

中国风景园林学会教育工作委员会

广东省中山市小榄镇镇政府

承办单位： 棕榈生态城镇发展股份有限公司

协办单位： 中国学位与研究生教育学会风景园林专业学位工作委员会

广东省城市规划协会

棕榈教育咨询有限公司

广东省棕榈公益基金会

《中国园林》杂志社

广东省风景园林协会

广东园林学会

棕榈设计有限公司

棕榈生态城镇科技发展有限公司

华南理工大学亚热带建筑科学国家重点实验室

广州普邦园林股份有限公司

幸福时代生态城镇集团

贝尔高林国际（香港）有限公司

广东省湿地保护协会

广东省生态城镇建设产业技术创新联盟

在线平台： 棕榈教育在线平台（https://palm-edu.com/）

首届"棕榈杯"特色小镇设计创意邀请赛作品评委会

评审主席： 李雄（北京林业大学副校长，风景园林学教授、博士生导师）

评审委员： 丘衍庆（广东省建设委员会党组秘书、广东省城乡规划设计研究院院长）

吴桂昌（棕榈生态城镇发展股份有限公司董事长、

全国风景园林专业学位研究生教育指导委员会委员）

刘伯英（清华大学副教授、北京清华安地建筑设计顾问有限责任公司总经理）

刘滨谊（同济大学风景园林学科专业学术委员会主任）

郭青俊（国家林业局林产工业规划设计院院长、党委副书记）

陈弘志（香港高等科技教育学院环境及设计学院院长）

苏晓毅（西南林业大学园林学院教授、博士生导师，国家一级注册建筑师）

吕辉（棕榈生态城镇发展股份有限公司技术中心总工程师）

周春光（全国风景园林专业学位研究生教育指导委员会秘书处办公室主任）

李雄

丘衍庆

吴桂昌

刘伯英

刘滨谊

郭青俊

陈弘志

苏晓毅

吕辉

周春光

组委机构主要单位简介

全国风景园林专业学位研究生教育指导委员会

全国风景园林专业学位研究生教育指导委员会是国务院学位委员会和教育部领导下的全国风景园林专业学位研究生教育的专家指导和咨询组织。其主要职责是：指导、协调全国风景园林专业学位研究生教育活动，监督风景园林专业学位研究生教育质量，推动风景园林培养单位和各级风景园林系统及相关管理部门的联系与协作，指导和开展风景园林专业学位研究生教育方面的国际交流活动，促进我国风景园林专业学位研究生教育的不断完善和发展。

中国风景园林学会

中国风景园林学会（Chinese Society of Landscape Architecture，缩写是CHSLA），是由中国风景园林工作者自愿组成，经国家民政部正式登记注册的学术性、科普性、非盈利性的全国性法人社会团体，是中国科学技术协会和国际风景园林师联合会（IFLA）成员，挂靠单位是国家住房和城乡建设部。

广东省中山市小榄镇镇政府

广东省中山市小榄镇，位于珠江三角洲的中南部，是中国菊花文化艺术之乡，国家级重点镇，中国历史文化镇，全国特色景观旅游名镇，美丽宜居小镇，国家发展和改革委员会（以下简称国家发改委）新型城镇化试点镇，财政部、住房和城乡建设部（以下简称住建部）建制镇试点示范。同时小榄镇被国家住建部评为全国村镇建设先进镇，是国家卫生镇、国家文化产业示范基地、全国文明村镇、全国环境优美镇，广东省乡镇之星、广东省乡镇企业百强镇、广东名镇、广府文化（中山小榄）生态保护实验区广东省中心镇、广东省新型城镇化"2511"综合试点。

棕榈生态城镇发展股份有限公司（官网：http://www.palm-la.com/）

棕榈生态城镇发展股份有限公司（简称：棕榈股份），创始于1984年，前身为"棕榈园林股份有限公司"，于2010年在深交所上市（股票代码：002431）。经三十余年的发展，公司现已成为国内少有的、以"特色小镇""乡村振兴战略"等国家政策为导向，率先布局"生态城镇"为核心业务的企业。

棕榈股份致力于成为全球领先的生态城镇服务商，始终践行"绿水青山就是金山银山"的绿色发展理念，输出一套以"生态优先、民生为本、产业兴旺"为原则的一站式生态城镇解决方案。公司因地制宜的顶层策划能力、专业优质的运营团队和与时俱进的产业内容，已成为公司引领生态城镇领域的核心优势。

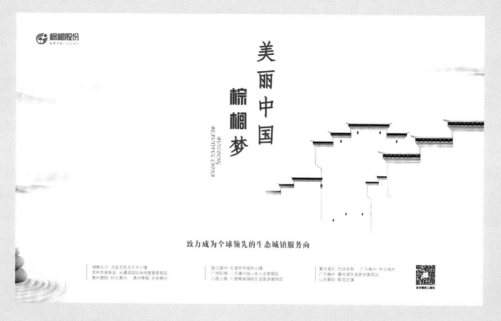

棕榈教育咨询有限公司（官网：https://www.palm-edu.com/）

　　棕榈教育咨询有限公司成立于2014年，注册资本5000万元。棕榈教育咨询有限公司立足生态园林垂直领域，秉承实战教育理念，依托行业人才素质模型及能力标准，整合行业资源，打造职教云平台。棕榈教育咨询有限公司不但拥有强大的师资资源，全国逾200位实战专家讲师，课程开发团队专业资深，具有丰富的系统化、流程化、模块化和精细化课程。作为一家生态城镇垂直领域实战教育专家，不仅开发了项目管理、工程施工、景观设计、苗木生产与运输、预决算/资料等实战性课程系列，还输出大师论道堂、实战技能课程、企业人才梯队建设、企业质量规范标准等内容。除此以外还成立专项小组为私人企事业单位、院校、行业人员实战能力提升提供咨询式、定制式的解决|方案。

作品展示

WORKS COLLECTION

W/O/R/K/S C/O/L/L/E/C/T/I/O/N

设计组 北京林业大学作品

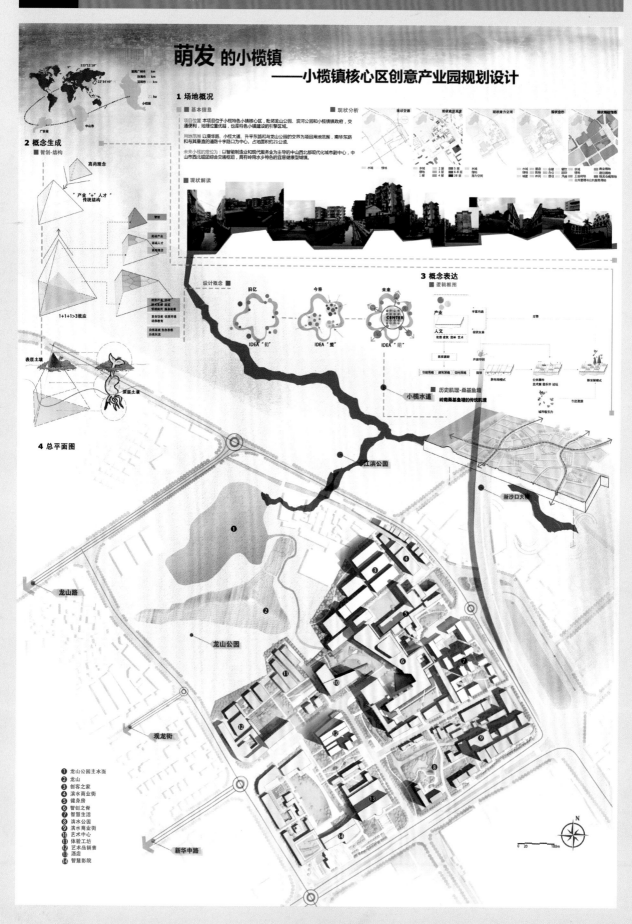

萌发 的小榄镇
——小榄镇核心区创意产业园规划设计

1 场地概况

2 概念生成

3 概念表达

4 总平面图

❶ 龙山公园主水面
❷ 龙山
❸ 创客之家
❹ 滨水商业街
❺ 健身房
❻ 智创之脊
❼ 智慧生活
❽ 滨水公园
❾ 滨水商业街
❿ 艺术中心
⓫ 体验工坊
⓬ 艺术品销售
⓭ 酒店
⓮ 智慧影院

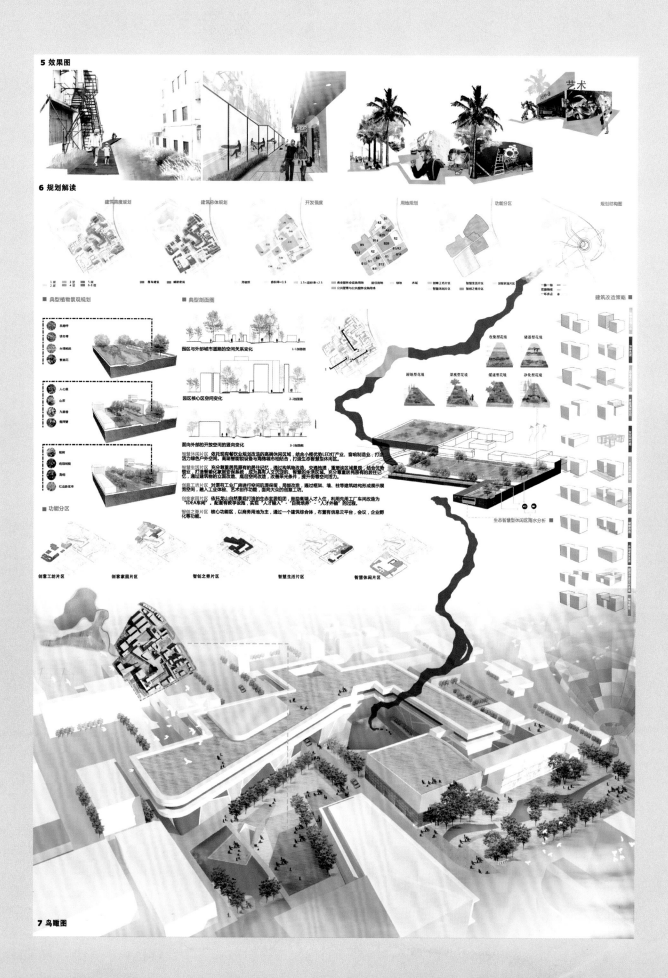

5 效果图

6 规划解读

建筑高度规划　　建筑总体规划　　开发强度　　用地规划　　功能分区　　　　规划结构图

■ 典型植物景观规划　　　　■ 典型剖面图　　　　　　　　　　　　　　　　　　　　建筑改造策略

园区与外部城市道路的空间关系变化

园区核心区空间变化

面向外部的开放空间的竖向变化

■ 功能分区

创意工坊片区　　创客家园片区　　智创之脊片区　　智慧生活片区　　智慧休闲片区

生态智慧型休闲区海水分析

7 鸟瞰图

文创相汇生态园　菊城交融智慧谷

愿景　自然-城市-人互动的全方位生态环境
以"菊"为核心主题的智创产业中心
引领小镇工作生活新方式的活力场所

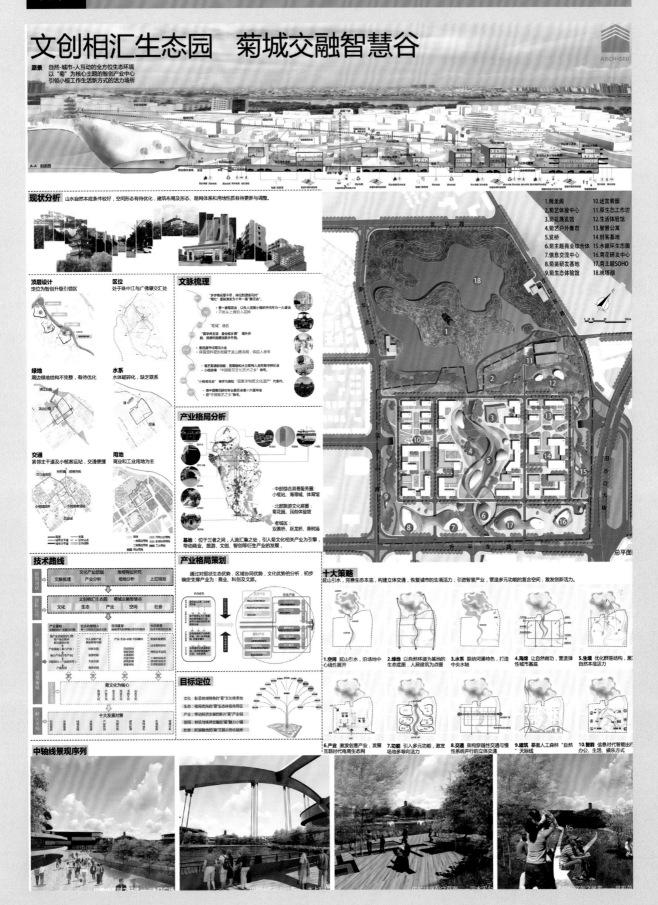

现状分析 山水自然本底条件较好，空间形态有待优化、建筑布局及形态、路网体系和用地性质有待更新与调整。

顶层设计 定位为智创升级引领区

区位 处于珠中江与广佛肇交汇处

文脉梳理

绿地 周边绿地结构不完整，有待优化

水系 水体破碎化，缺乏联系

产业格局分析

交通 紧邻主干道及小榄客运站，交通便捷

用地 商业和工业用地为主

技术路线

产业格局策划 通过对现状优势、区域协同优势、文化优势的分析，初步确定支撑产业为：商业、科创及文旅。

十大策略 延山引水，完善生态本底，构建立体交通，恢复城市的生境活力；引进智慧产业，营造多元功能的复合空间，激发创新活力。

目标定位

1.空间 延山引水，沿场地中心线性展开
2.绿地 以自然环境为基地的生态底图，人与建筑为点缀
3.水系 联结河湖特色，打造中央水轴
4.海绵 让自然做功，营造弹性城市基底
5.生境 优化群落结构，激发自然本底活力
6.产业 激发创意产业，发展互联网时代电商生态网
7.功能 引入多元功能，激活地块多导向活力
8.交通 架构穿越性交通与慢性系统并行的立体交通
9.建筑 幕画人工森林"自然"天际线
10.智能 信息时代编辑出行、办公、生活、娱乐方式

中轴线景观序列

1.腾龙阁
2.菊艺体验中心
3.菊花展览馆
4.菊艺户外集市
5.览桥
6.菊主题商业综合体
7.信息交流中心
8.菊苗研发基地
9.菊生态体验馆
10.迷宫菊园
11.原生态工作坊
12.生活体验馆
13.智慧公寓
14.创客基地
15.水榭环生态圈
16.菊花研发中心
17.菊主题SOHO
18.映塔湖

专题一：功能复合 创智产业园与购物公园结合，引入多元功能，激发场地多导向活力。形成具有文化生态特质的综合体。

专题五：立体交通 穿越性交通和慢行系统并行的立体交通。穿越性交通向地面引导。地上慢行系统环线流畅，避免交通堵点的形成。

专题七：空间重塑 望山见水，透风见绿，簇群错落。

专题二：建筑肌理 控制建筑高度，以城市为"谷"。保留建筑，旧厂区建筑的更新复兴，城市立面的统一，建筑组团与功能匹配。

专题八：绿地系统 以自然环境为底图，人居建筑为点缀。

专题九：水系梳理 连接河湖特色，打造中央水轴。

专题三：海绵基底 让自然做工，营造弹性城市基底。多种生态策略应用，城市灰、绿基础设施结合。

专题六：生境优化 优化植被结构，塑造活力群落，形成良好的动物栖息环境和人居环境。

专题十：产业布局 以生态产业为基础，智慧产业为支柱，激发创意产业，发展互联时代电商生态网。

专题四：智慧城市 21世纪+的信息时代智能出行、办公、生活娱乐。

设计组 广州美术学院作品

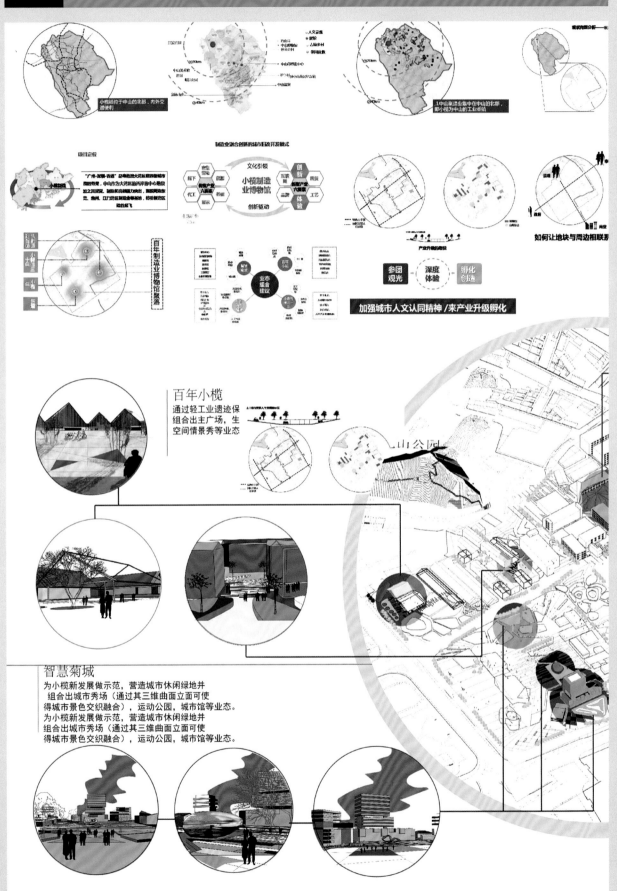

百年小榄
通过轻工业遗迹保组合出主广场，生空间情景秀等业态

智慧菊城
为小榄新发展做示范，营造城市休闲绿地并
组合出城市秀场（通过其三维曲面立面可使
得城市景色交织融合），运动公园，城市馆等业态。
为小榄新发展做示范，营造城市休闲绿地并
组合出城市秀场（通过其三维曲面立面可使
得城市景色交织融合），运动公园，城市馆等业态。

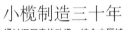

小榄智造博物集群

小榄特色小镇概念策划设计

广州美术学院代表队

百年前小榄做为中国传统 手工业对外展示海上丝绸之路对外贸易的窗口，近代小榄成为珠三角现代化改革开放制造业的先锋代表，小榄人民的创新精神已经深深根植在这个城市的每一个角落。

我们提出一带四片的规划手法，以生态融合，产业升级，文化传承，城市形象综合打造小榄乃至中山，乃至粤港澳大湾区的制造业名片。

让这个区域保留这个片区百分之85的建筑，虽然他们在今天看来价值平庸，但却记载了改革开放制造业的缩影，未来也将成为小榄人民传承创新的历史记忆

小榄制造三十年

通过旧厂房的改造，结合本区域老锁厂，留存轻工业发展痕迹，状态组合出金工记忆馆，服饰记忆馆，电器历史馆等业态。

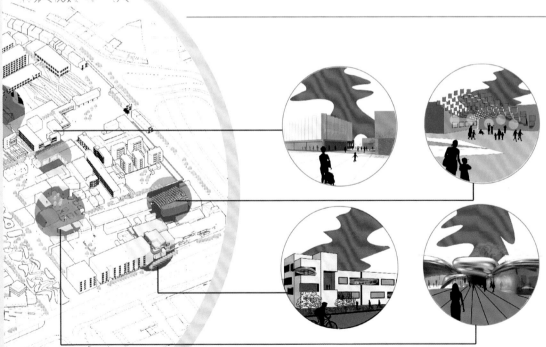

从制造到智造

结合未来科技发展趋势，依托小榄轻工业实力组合出智能家电体验馆，智能照明体验馆，智能通讯等业态。

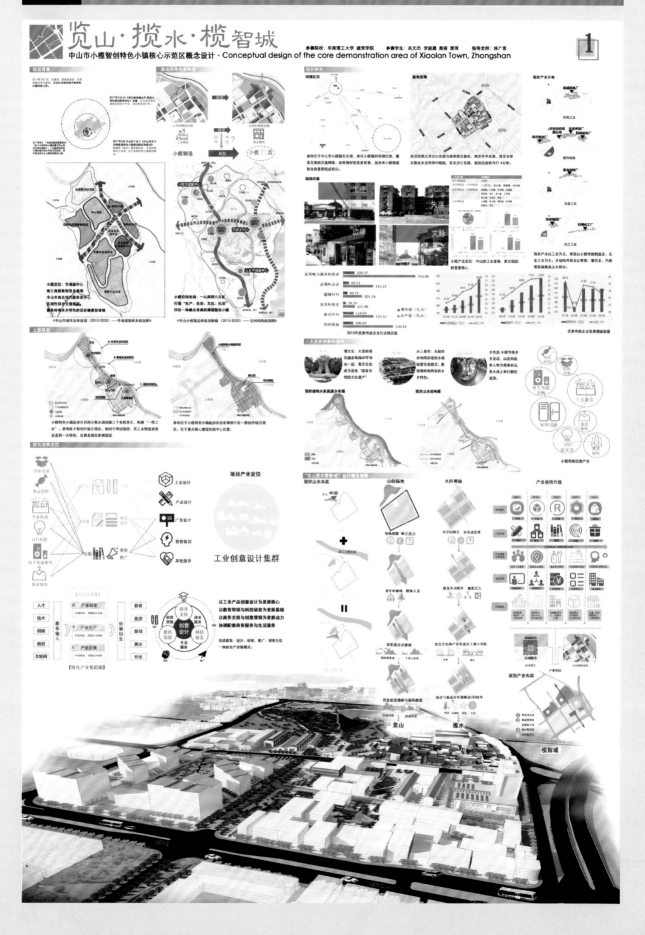

览山·揽水·榄智城

中山市小榄智创特色小镇核心示范区概念设计 · Conceptual design of the core demonstration area of Xiaolan Town, Zhongshan

参赛院校：华南理工大学 建筑学院　　参赛学生：吴文杰 李丽晨 熊雨 筒萍　　指导老师：林广思

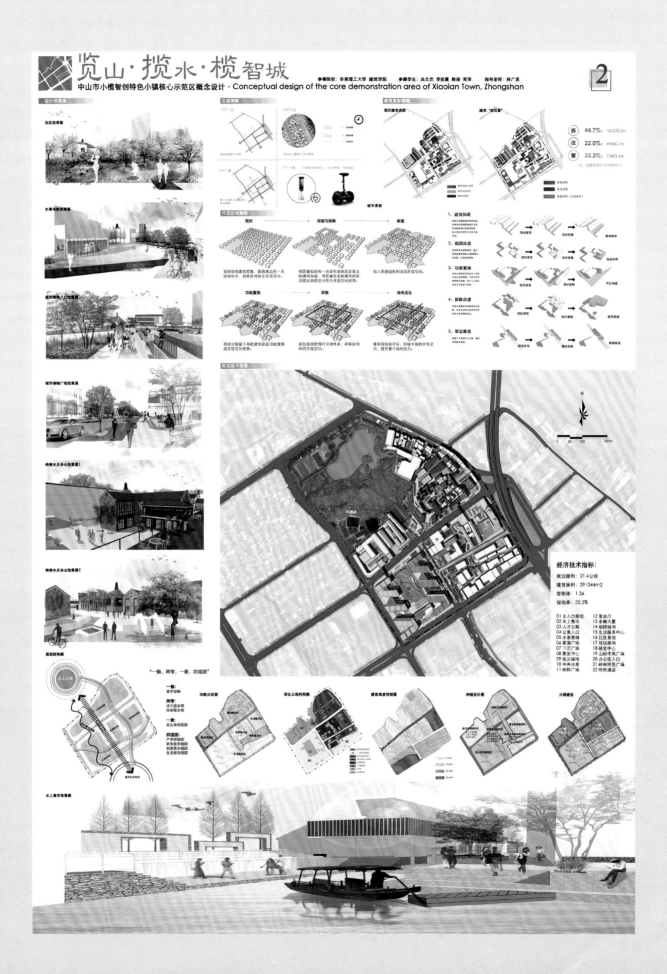

经济技术指标：

规划面积：21.4公顷
建筑面积：291044m2
容积率：1.36
绿地率：32.5%

设计组 | 华南农业大学作品

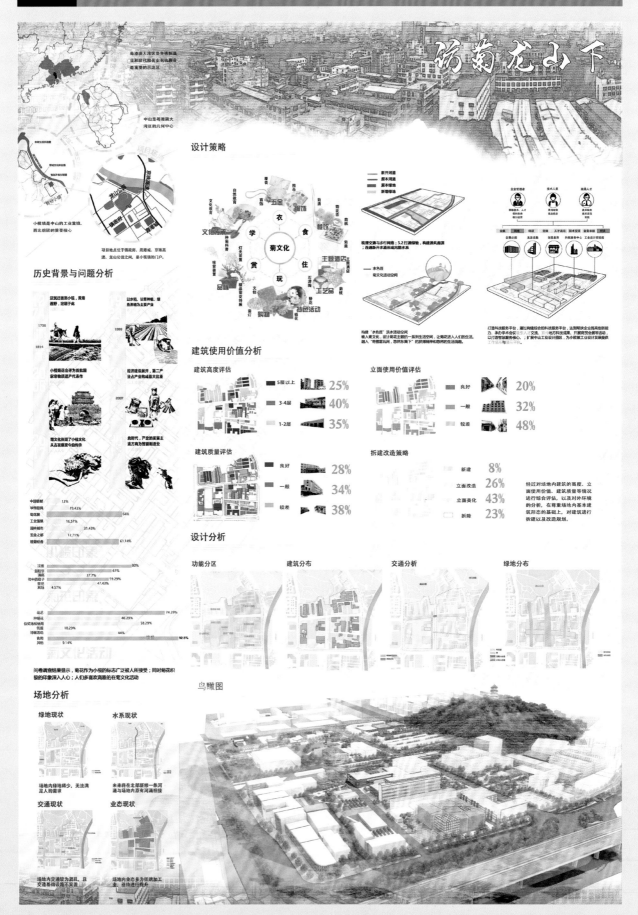

设计策略

历史背景与问题分析

建筑使用价值分析

建筑高度评估

- 5层以上 25%
- 3-4层 40%
- 1-2层 35%

立面使用价值评估

- 良好 20%
- 一般 32%
- 较差 48%

建筑质量评估

- 良好 28%
- 一般 34%
- 较差 38%

拆建改造策略

- 新建 8%
- 立面改造 26%
- 立面美化 43%
- 拆除 23%

经过对场地内建筑的高度、立面使用价值、建筑质量等情况进行综合评估，以及对内外环境的分析，在尊重场地内基本建筑形态的基础上，对建筑进行拆建以及改造规划。

设计分析

功能分区

建筑分布

交通分析

绿地分布

鸟瞰图

场地分析

绿地现状

水系现状

交通现状

业态现状

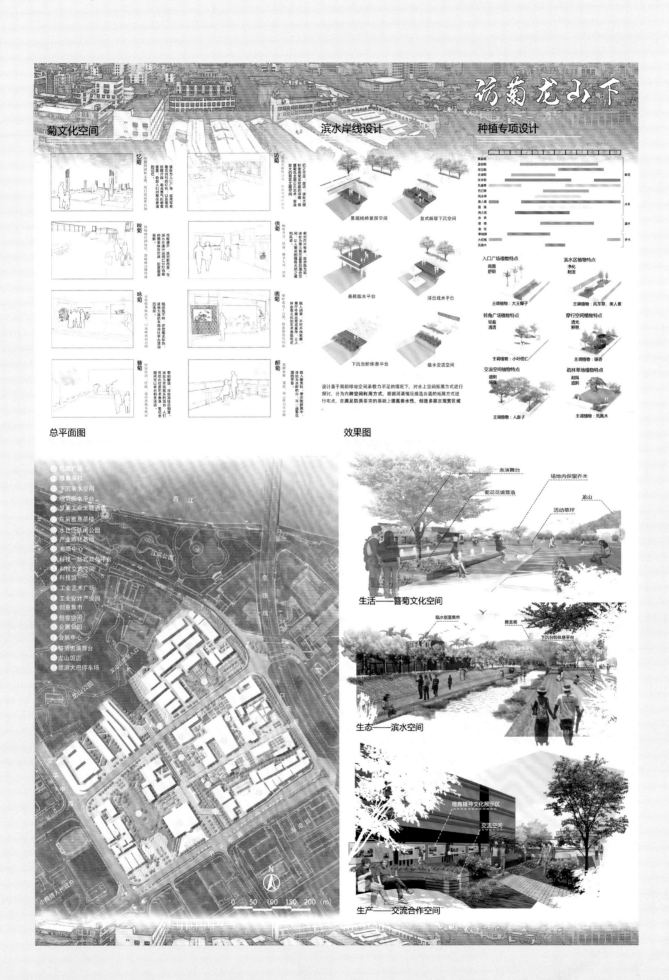

访菊龙山下

菊文化空间

滨水岸线设计

种植专项设计

设计基于局部缝地空间承载力不足的情况下，对水上空间拓展方式进行探讨，分为六种空间利用方式，根据河滩情况挑选合适的拓展方式进行布点，在满足防涝要求的基础上提高亲水性，创造多层次观赏区域

总平面图

效果图

生活——簪菊文化空间

生态——滨水空间

生产——交流合作空间

设计组 华中农业大学作品

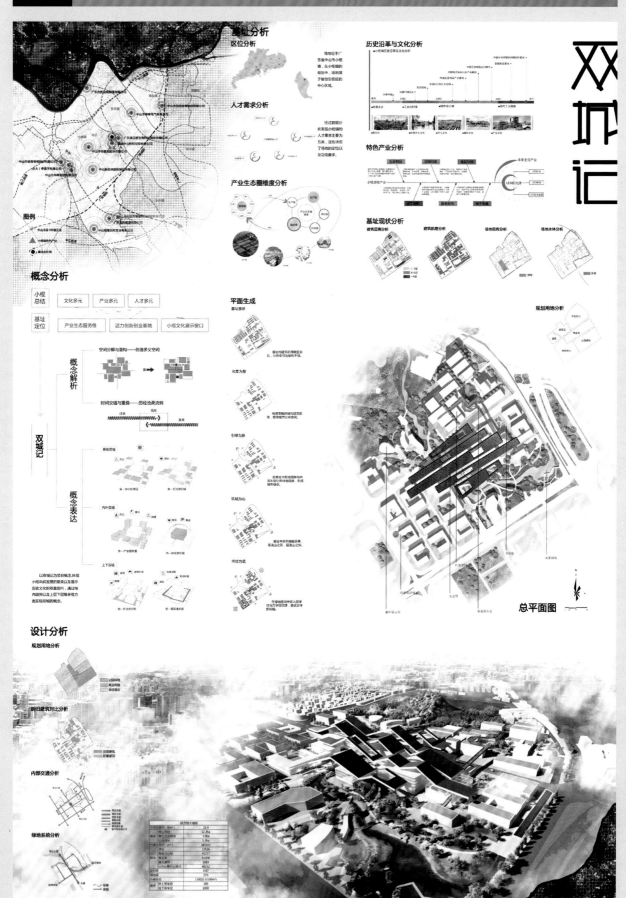

总平面图

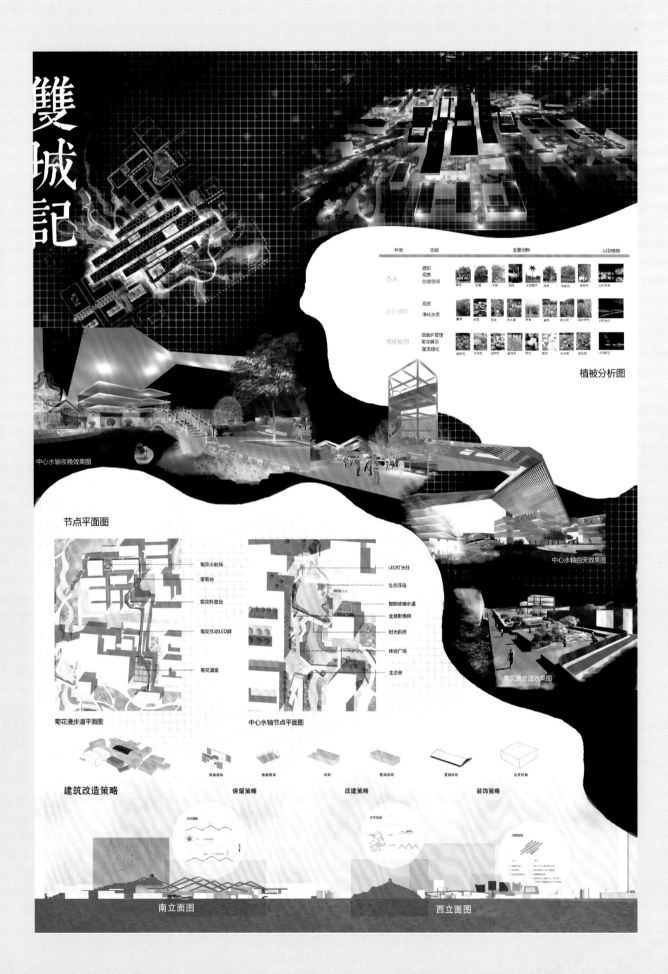

雙城記

植被分析图

中心水轴夜晚效果图

中心水轴白天效果图

菊花漫步道效果图

节点平面图

菊花小剧场
望菊台
菊花科普台
菊花互动LED屏
菊花温室

LED灯光柱
生态浮岛
智能玻璃水道
全息影像碑
时光拱桥
体验广场
生态桥

菊花漫步道平面图

中心水轴节点平面图

建筑改造策略　　保留遗体　　保留框架　　切割　　叠加结构　　置换材质　　合并拒毒

保留策略　　　改建策略　　　装饰策略

南立面图　　　西立面图

设计组 南京林业大学作品

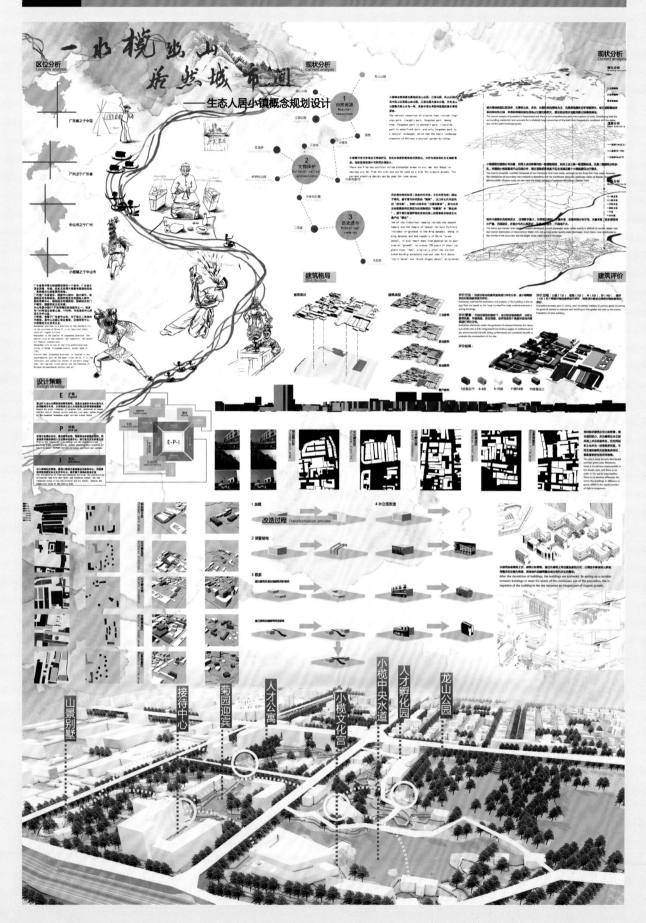

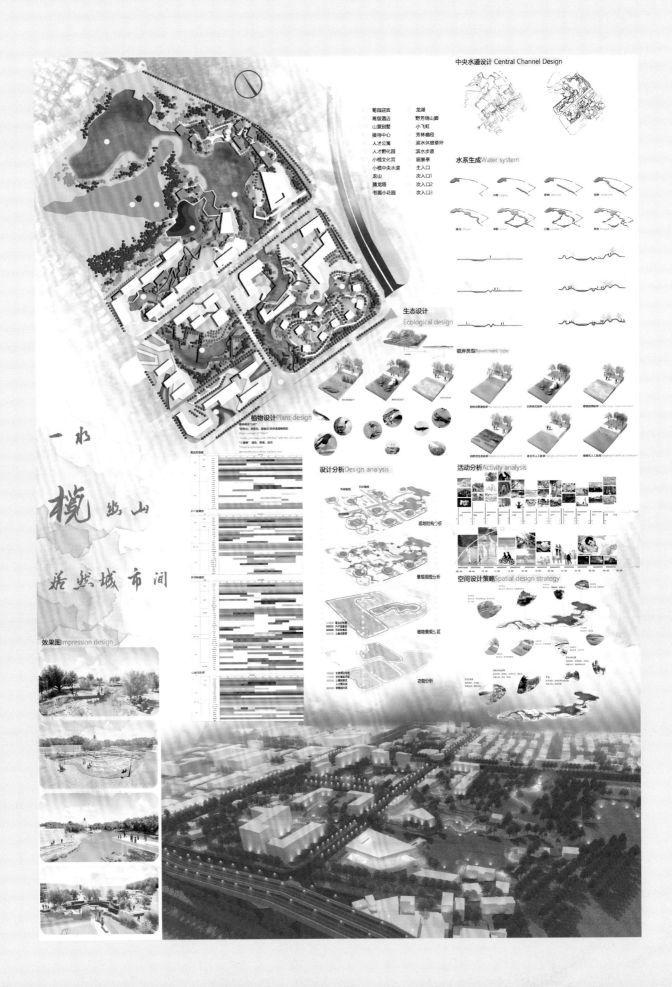

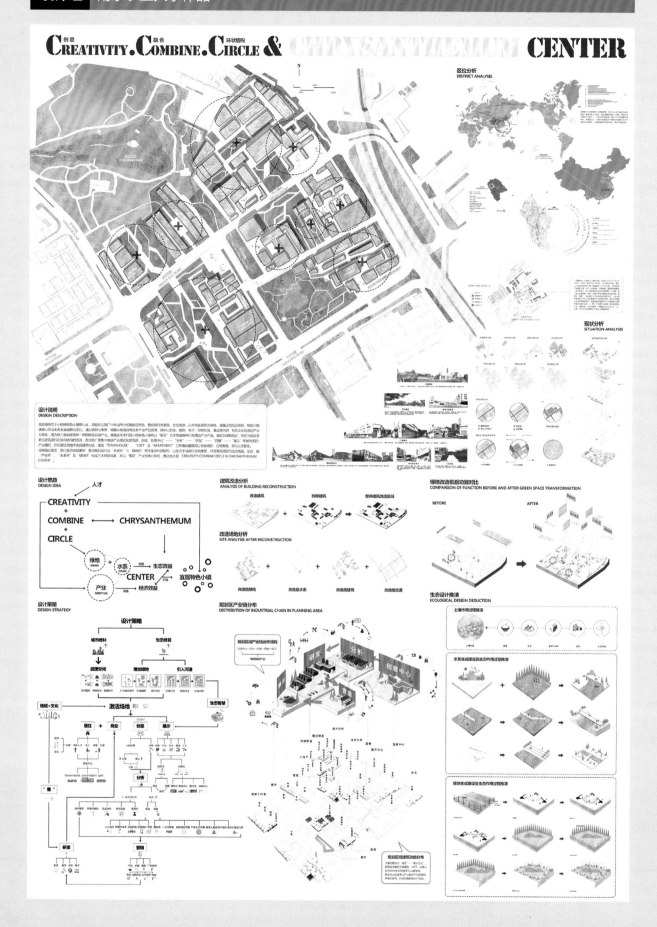

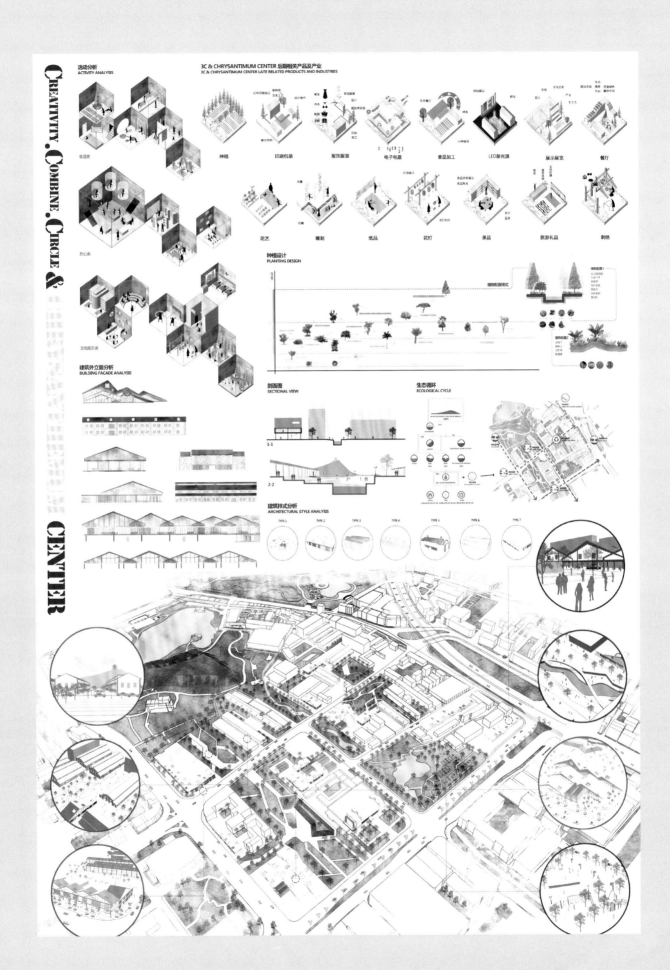

设计组 西北农林科技大学作品

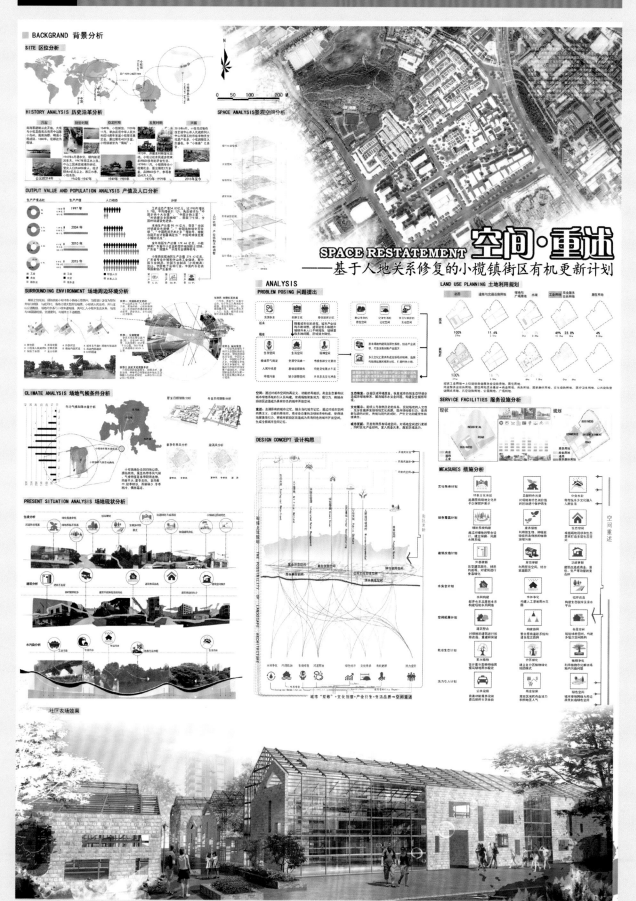

SPACE RESTATEMENT 空间·重述
——基于人地关系修复的小榄镇街区有机更新计划

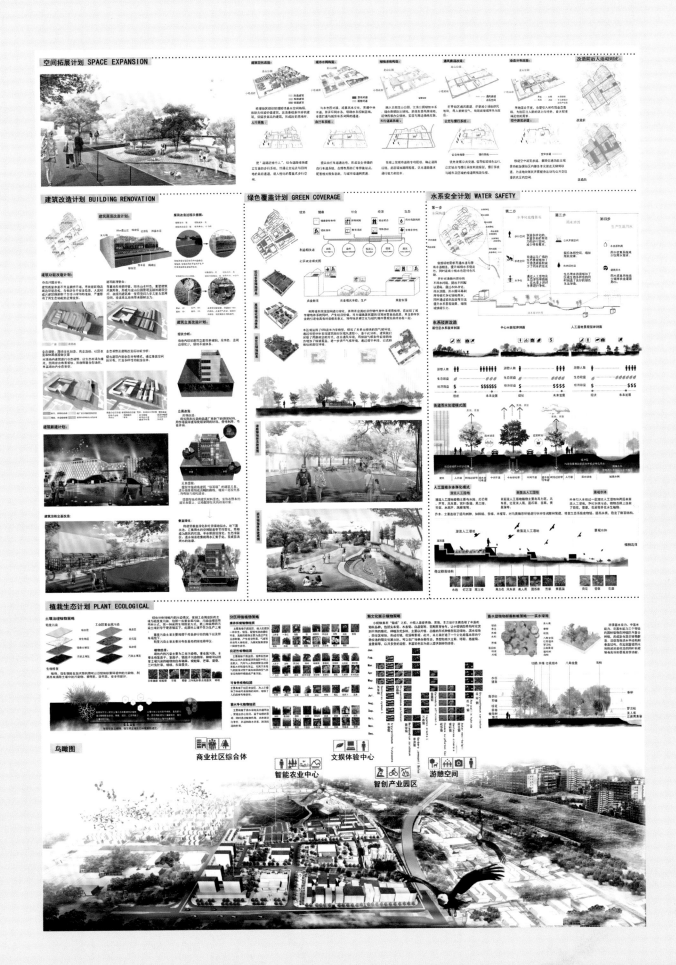

设计组 香港高等教育科技学院作品

芯
THE CORE OF FUTURE

方案简介
INTRODUCTION

"芯"通过利用现有河道和运用岭南园林设计手法改善场地内的生态系统并创建人与自然的良好联系。河道改造后，结合其它自然空间及要素形成一个具有较高生物多样性的环境。同时，与生态系统配套的一系列庭院和廊道，为使用者提供丰富的视觉体验和共享空间。基于上述生态及景观本底，场地内的大部分产业亦升级或迭代为文创和智创产业。由于毗邻政府，该场地亦适于举办各类会展活动。

作为小榄特色小镇发展的起步区，本场地可以有力地带动周边地区的生态修复、空间营建及产业升级。

The Core of Future starts with an idea of connecting human and nature by utisilising existing channel and adopting Lingnan gardening design. A series of courtyards and corridors are created with a rich biodiversity after regenerating the channel, thus creates a rich visual experience in open spaces. Because of its existing ecologicial and landscape value, the site is suitable for operating cultural or technological business. In addition, it is benefited to hold different kinds of exhibitions and conferences due to its location near City Hall.

As the prioneer of Characteristic Town in Xiaolan, the site helps encourage ecology rehabilatation, space arrangement and industrtial upgrade of surrounding area.

分析圖
ANALYSIS DIADRAM

土地利用 LAND USE ｜ 交通流量 TRAFFIC FLOW ｜ 植被覆盖 GREEN COVER ｜ 水體覆盖 WATER BODIES ｜ 水质评估 WATER QUALITY

规划前

规划后

规划概念
PLANNING CONCEPT

作为试点带动周边产业及生态体系升级
生态：构建生态网络，提升生物多样性
景观：打造景观轴线，创造交往空间
产业：调整定位，商展结合，产业升级

As a prioneer encouraging the upgrade of surrounding industries and ecological systems.
Ecology: Build up a biological network, increasing biodiversity.
Landscape: Create landscape axis and its surrounding interacting spaces.
Industry: Adjust its position and upgrade it though combination.

七大产业　升级　结合

小榄水道

现状问题
EXISTING PROBLEMS

- 人流量不足
Low circulation flow
- 上游工厂和生活污水造成水体污染
Water polution by factories and households on upper stream
- 建筑品质较低
Comparatively low building quality
- 产业亟需更新
Industries need to be upgraded
- 缺乏绿化空间
Lack of greening area

设计总纲图 LANDSCAPE MASTER PLAN

茶舍景观 TEA HOUSE VIEW

龙山公园

局部放大设计

比例
SCALE

10 Km

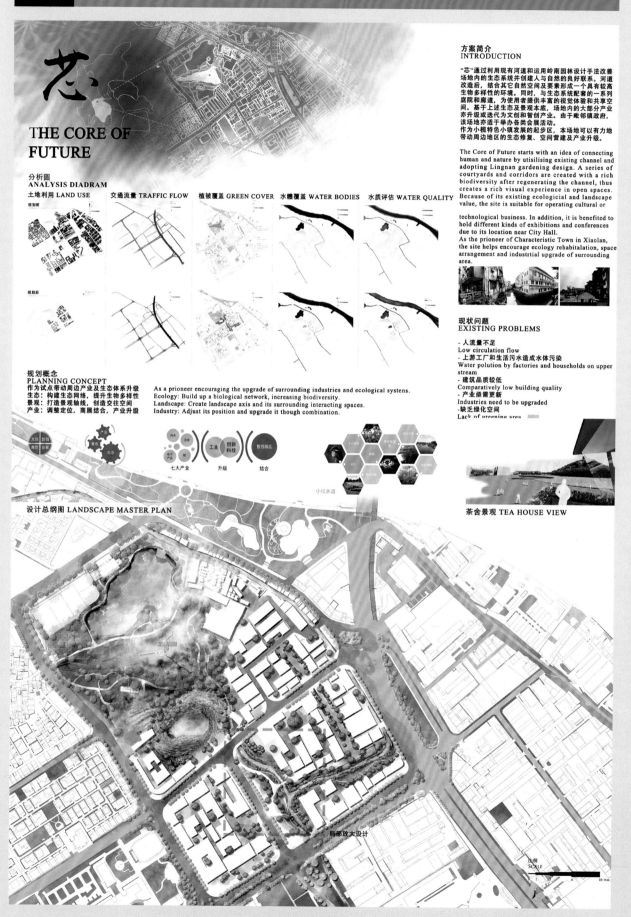

鸟瞰图
BIRD EYE VIEW

人工湖

龙山公园

香云海与卧龙泊
清韵茶社

河流交汇点

中央庭院
迎宾广场

迎宾广场外部

岭南造园特色 LINGNAN GARDENING STYLE

建筑物以合院形式聚集，物料统一使用传统青砖，并加上新式玻璃及钢结构。
大小不一的庭院穿插在不同建筑物，创造抑扬顿挫的空间节奏。
整体设计以中心河道为轴线，贯穿龙山公园的现有设计及新规划。

The proposed structures create a series of courtyards in diferent sizes. With the use of traditional bricks and the addition of modern glass and steel streuctures, a brand new Lingnan building style is created with an interesting spacial rhythem. The central channel acts as the landscape axis of the design, connecting the existing Longshan Park and proposed design.

湿地 WETLAND

清韵茶舍 TEA HOUSE

茶舍内部 TEA HOUSE INTERIOR

河流交汇点 RIVERS INTERSECTION

卧龙泊 MIRROR POND

长廊 LANDSCAPE CORRIDOR

特色凉亭 FEATURED PAVILION

迎宾广场外部 WELCOMING PLAZA

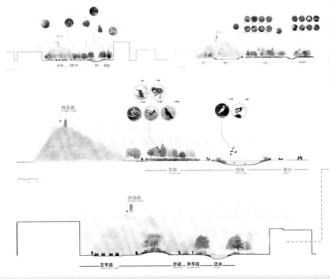

局部放大设计

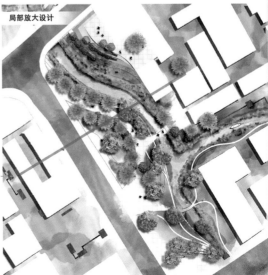

设计组 | 浙江农林大学作品

一揽成林
——菊城智谷核心区概念规划

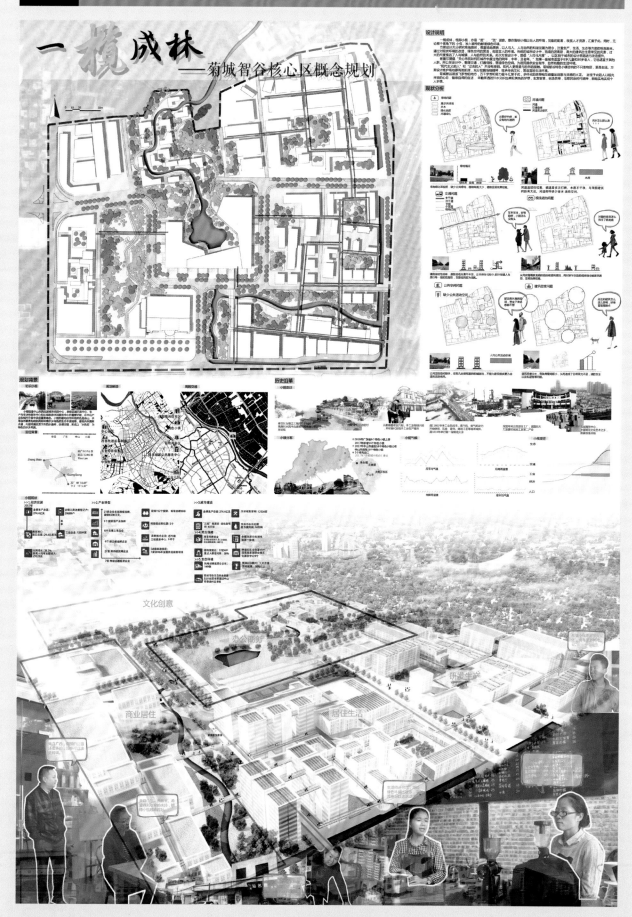

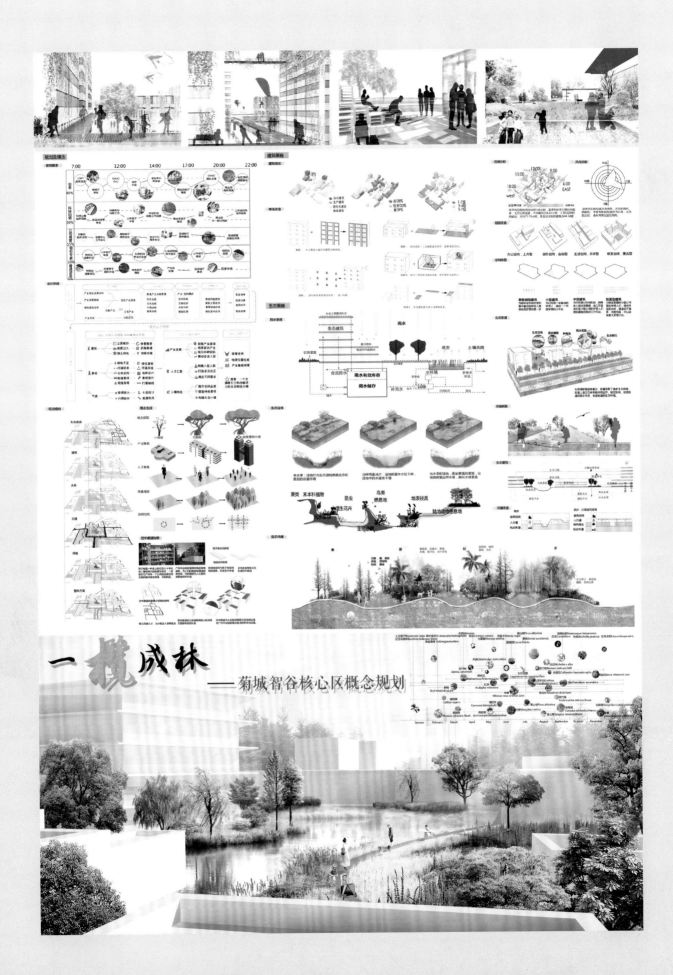

一揽成林
——菊城智谷核心区概念规划

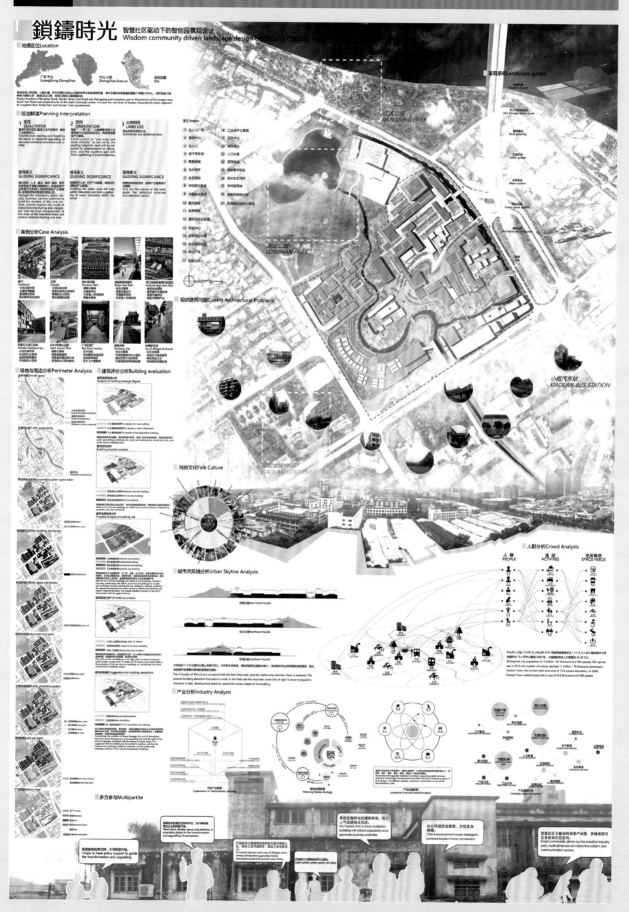

鎖鑄時光
智慧社区驱动下的智创园景观设计
Wisdom community driven landscape design of Chuang Chuang Park

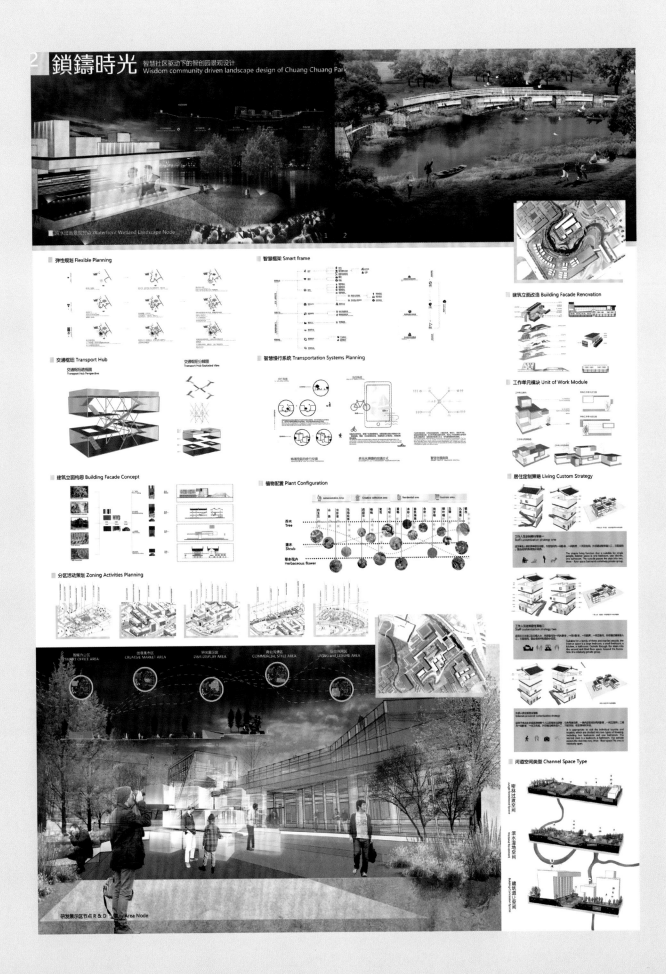

鎖鑄時光
智慧社区驱动下的智创园景观设计
Wisdom community driven landscape design of Chuang Chuang Park

滨水湿地规划节点 Waterfront Wetland Landscape Node

1　2

弹性规划 Flexible Planning

智慧框架 Smart frame

建筑立面改造 Building Facade Renovation

交通枢纽 Transport Hub
交通枢纽透视图 Transport Hub Perspective
交通枢纽组合爆炸图 Transport Hub Exploded View

智慧慢行系统 Transportation Systems Planning

工作单元模块 Unit of Work Module

建筑立面构思 Building Facade Concept

植物配置 Plant Configuration

居住定制策略 Living Custom Strategy

乔木 Tree
灌木 Shrub
草本花卉 Herbaceous flower

分区活动策划 Zoning Activities Planning

智慧办公区 SMART OFFICE AREA
创意集市区 CREATIVE MARKET AREA
研发展示区 D&R DISPLAY AREA
商业风情区 COMMERCIAL STYLE AREA
居住休闲区 LIVING AND LEISURE AREA

河道空间类型 Channel Space Type

研发展示区节点 R & D Display Area Node

设计组 重庆大学作品

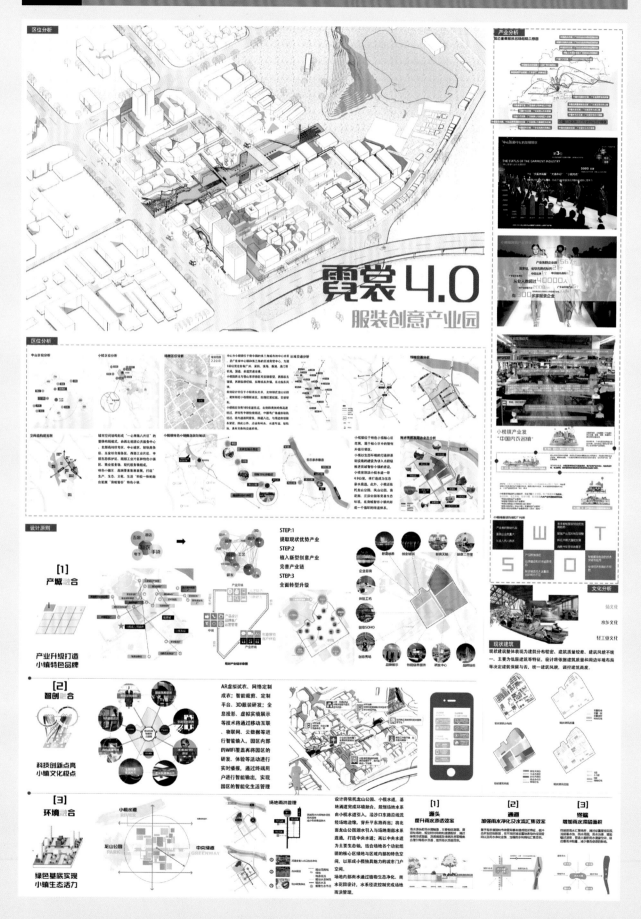

霓裳4.0
服装创意产业园

中山·小榄镇特色小镇建设调研报告

北京大学代表队

　　小榄镇地处广东省珠江三角洲中部，位于中山市北部，属中山市管辖，镇域面积 75.4hm²。小榄自改革开放以来便成为珠三角地区 工业强镇之一，更是在中山"一镇一品"规划下成为"五金之城"。随城镇化进程的推进及中国经济结构调整，小榄镇也面临着传统产业升级转型、发展新兴产业的挑战。在国家战略推动与浙江省特色小镇建设经验启示下，小榄镇选择了特色小镇作为城镇发展新路径，那么小榄镇应当如何进行特色定位？在此定位下又应选择何种产业进行发展并且如何发展？这两个问题是本篇报告所想阐述的核心问题。

一、小榄镇产业发展背景分析

优势 Strengths		地理位置优越：地处珠三角中部，是中山市北部地区的中心镇
		经济发展基础较好：有较高经济发展水平，形成以工业为主的经济结构
		历史文化悠久："菊城"、"中国民间艺术（书画）之乡"等文化称号
		政策支持力度高：为产业制定一系列服务于创新创业、科技发展的优惠政策
劣势 Weaknesses		公共服务配套能力不足
		土地资源利用效率不高
		产业创新活力不足
机会 Opportunities	政治 Politics	小榄镇在中山市总体规划中占据重要战略位置； 身处粤港澳大湾区这一"一带一路"重要战略枢纽
	经济 Economy	外来投资充足； 优势产业集群化发展
	社会 Socio-cultural	在中山市总体规划的推动下完善交通建设与生态建设
	技术 Technology	国家大创新战略驱动下小榄镇的孵化基地的建设，域内华帝公司被认定为首批"国家级工业设计中心"
威胁 Threats	政治 Politics	对城镇缺乏科学长远的发展规划，导致难以使经济、资源、环境三者和谐发展
	经济 Economy	传统优势工业处于附加值低的制造端，产业升级困难
	社会 Socio-cultural	工业集中发展造成的生态环境损害； 创新平台建设不足导致人才吸引力弱
	技术 Technology	大多数制造业企业以模仿与引进技术为主，自主创新与核心研发技术不足

小榄镇菊城智谷特色小镇产业发展创新模式研究

The Study on Development of Innovation Model for a Characteristic Town Named Jucheng Intelligent Valley in Xiaolan

摘要： 特色小镇是遵循"创新、协调、绿色、开放、共享"的发展理念，集聚支撑元素，聚焦特色产业，实现产业、文化、生态、社区等多项功能的创新创业平台。本研究以小榄镇菊城智谷特色小镇为调研案例地，通过对资源条件概况、产业发展现状进行系统分析，提出菊城智谷"4321"的特色产业功能定位。研究结论：未来菊城智谷特色小镇产业发展应遵循"智能制造服务+产品研发设计+文创休闲体验"的创新发展模式，为今后同类型特色小镇的可持续发展提供可行性建议和方案。

关键词： 特色小镇；产业发展；创新模式；小榄镇；菊城智谷

Abstract： Characteristic town is to follow the "innovation, coordination, green, open, sharing" development concept, gather support elements, focus on characteristic industries, realize industry, culture, ecology, community and many other functions of innovation and entrepreneurship platform. In this study, Xiaolan Town features Jucheng Intelligent Valley as a research case, through the systematic analysis of the development status of resources, industry, the characteristics of industrial function Jucheng Intelligent Valley is "4321". Research conclusions: the future industrial development of Jucheng Intelligent Valley characteristic town should follow the innovative development mode of "intelligent manufacturing service + product R & D design + literature creation leisure experience", Providing feasible suggestions and plans for the sustainable development of the similar type of Characteristic Towns in the future.

Key Words： characteristic town；industrial development；innovation model；Xiaolan administrative town；Jucheng Intelligent Valley

1 前言

特色小镇作为实现新型城镇化发展、促进经济增长与产业升级的重要载体，在推进供给侧结构性改革过程中取得了显著的成效。国家"十三五"规划与"三

小榄"智谷小镇"工业设计引领区项目调研报告

1 背景简介

1.1 小榄镇概况

1.1.1 地理区位

小榄镇位于广东省中山市，中山市是中国5个不设市辖区的地级市之一。前身为1152年设立的香山县；1925年，为纪念孙中山而改名为中山县，位于珠江三角洲中部偏南的西、北江下游出海处，北接广州市番禺区和佛山市顺德区，西邻江门市区、新会区和珠海市斗门区，东南连珠海市，东隔珠江口伶仃洋与深圳市和香港特别行政区相望。中山25个镇区共分为五大组团，包括中心组团、东部组团、东北组团、西北组团和南部组团。其中西北组团重点对接广州、佛山、江门，定位是打造具有全国乃至全球影响力的制造业强区。

小榄镇地处广东省珠江三角洲中部，中山市北部，是中山市北部地区的中心镇，镇域面积75.4km²。东北与东凤镇隔河相望，东南与东升镇接壤，南与古镇镇、横栏镇以河为界，北与佛山市顺德区均安镇毗邻；东南距石岐城区26km，距珠海、澳门90km，西北距广州市中心城区70km，西距江门市10km。

城镇布局由旧城区（新市）、永宁、新城区（东区）、新南区（绩西）和绩东（绩东一）等五个紧凑组团组成的主城区，东南方向以工业为主的泰丰组成，西部的九洲基和埒西（埒西一）两个组团，北部的西区和北区两个小组团。科教文化中心位于主城区的核心位置。

1.1.2 经济发展

小榄的工商业充满发展活力，区域经济特色鲜明。至2015年底，常住人口32.46万人，全镇地方生产总值274.42亿元，税收总额54.62亿元，固定资产投资46.97亿元，社区集体经济收入13.2亿元，股民人均分红6977元，年末工商注册登记户39689户，其中工业企业12504户，三大产业比例0.2∶55.4∶44.4。

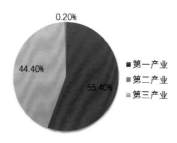

图1　小榄镇2015年三大产业占比图

小榄镇是广东省中心镇和中山市工业强镇，现拥有"中国五金制品产业基地"、"中国音响行业产业基地"、"中国内衣名镇"3个国家级产业集群和148个国家、省级名牌名标，

首届"棕榈杯"特色小镇设计创意邀请赛概述

1.1 邀请赛的背景

特色小镇是指依赖某一特色产业和特色环境因素，打造的具有明确产业定位、文化内涵、旅游特征和一定社区功能的综合开发项目。中国正在掀起一股特色小镇热，特色小镇建设正从江浙一带逐步向全国拓展。

1.1.1 特色小镇建设

党的十九大强调了"建设生态文明是中华民族永续发展的千年大计"。在生态文明建设的大背景下，特色小镇的建设已成为实现建设美丽中国的重要路径。根据国务院的《国家新型城镇化规划（2014—2020年）》精神，住建部等三部委联合推出"到2020年全国培育1000个特色小镇"的规划，先后两批公布了全国约300个特色小镇试点。生态城镇战略已经上升为国家战略，千个特色小镇万亿市场大幕开启。目前，特色小镇的建设进入"深水区"，如何根据地方特点合理的发展特色小镇，将是摆在每一位小镇建设者面前的课题。

在深入特色小镇建设的大背景下，"理论+实践"的模式成为打造特色小镇的新尝试。在这个背景下，全国风景园林专业学位研究生教育指导委员会、中国风景园林学会教育工作委员会、中山市小榄镇镇政府联合主办，由棕榈生态城镇发展股份有限公司承办的首届"棕榈杯"特色小镇设计创意邀请赛应运而生。

创办于1984年的棕榈股份，依托30多年生态园林之积累，选择了从建设生态园林，到参与产业生态和社会文化生态的转型，并于2014年提出生态城镇这一与时俱进的发展战略概念。在过去的3年里，棕榈股份调动了各方面的资源，全力投入到生态城镇的实践中：包括从专业研究智库的设立、到多个试点项目的推进、再到横向产业链的延伸与战略并购以及设立棕榈教育咨询有限公司以专注于生态城镇垂直领域的实战教育等，都做了大量的工作。通过这几年的努力和耕耘，目前，建设—运营—内容全产业链布局完成，在全国建设起了诸如时光贵州、

乡愁贵州、长沙浔龙河生态艺术小镇等生态城镇标杆项目，生态城镇品牌示范效应显现，产业龙头地位基本确立；生态城镇业务也初步发力，开始贡献产值与利润，成为主营业务收入的重要组成部分。

1.1.2 "棕榈杯"特色小镇分享会

首届"棕榈杯"特色小镇设计创意邀请赛，主题围绕生态城镇建设，邀请了包括北京大学、北京林业大学、南京林业大学、南京农业大学、重庆大学、香港高等教育科技学院、华南理工大学、广州美术学院等16家全国代表性高校以组队方式参与广东特色小镇案例规划竞赛。

分享会由全国风景园林专业学位研究生教育指导委员会委员、棕榈生态城镇发展股份有限公司董事长吴桂昌主持，众多学者和专家通过"棕榈杯"特色小镇设计创意邀请赛期间来对贵阳棕榈股份承建特色小镇项目的实地考察，进行理论和实践的结合，对特色小镇建设这个宏大课题，集思广益，出谋划策，提出自己独到、创新的想法和观点。

（1）幸福时代集团副总裁李恭华：如何平衡政府、农民以及企业之间的关系

李恭华

特色小镇或者是生态城镇化，在全国都找不到成型的模板，也没有样板，我们都是在摸索过程中前行的，在这个过程中政府、企业和农民是如何平衡的呢？

特色小镇，"特"在哪？应该是"特"在产业，而不是"特"在建筑，这是一个粗浅的认识。我们在做特色小镇项目的时候经常会说的"六统一，四先行"。

一个地方要做特色小镇，要做产业，必须"六统一"，即统一策划定位、统一规划、统一建设、统一招商、统一建设和投资、统一运营和管理。

"四先行"就是：第一，项目未动市场先行。任何项目未动之前，市场是主导。做一个项目不能是拍脑袋决定的，是市场需要什么，我们去做什么，特色小镇也是一样。第二，建设未动安置先行。社会的主要矛盾是人民日益增长的美好生活需要和不均衡不充分的发展之间的矛盾。农民的矛盾是最突出的，解决农民问题也是我们从成都城乡统筹中的经验带到这边来的。第三，设计未动策划先行。策划当中市场只是一个，还有文化，例如我们的

其中一个项目时光贵州，所有的文化和市场定位，实际上在设计之初就已经出来了的，建筑只是它的一个形态表现而已。第四，建设未动资本先行。

"六统一，四先行"是我们做项目那么长时间总结出来的。很多人觉得做特色小镇，实际上社会上80%都是做到地产开发支持，而不是在做特色小镇，不是在引入产业。这是错误的，特色小镇是为我们的产业配套完善的，就是要做特色小镇的"特"，而不是建筑形态。这些是项目发展过程中需要和政府经常沟通，达成共识的地方。

（2）中国农业大学教授孟祥彬：特色小镇综合开发以及运营

孟祥彬

我觉得现在特色小镇的发展太快了，现在很多特色小镇，从工程来说是做的不错的，但是从景观和和建筑上来说却有比较多问题，没有将美学和工程学统一起来，各方面的细节也没有做好。

特色小镇的建设关系到园林、工业、产业、农业。为什么说特色小镇发展太快呢？特色小镇的"镇"建设容易，但"特"字怎么体现？现在很多特色小镇建设，通过现场勘察规划，引入很多外国的东西，导致了同质化，也让我们的传统没了。所以，我觉得中国小城镇发展到今天钱已经不是问题，问题是在于我们的策划，还有我们的设计师的水平。

首先，我认为我们要建特色小镇，需要有要保护型的开发。很多人觉得有生态就是指的树和水，其实不全对。因为生态是讲究人与人之间，物与物之间，人与物之间的关系学问。现在小城镇建设需要什么，需要理论和实践的指导。它从哪来啊，就应该从研究体系来建设和研究。所以，为什么说快了呢，就是在没有把理论搞清楚的时候，单靠热情、靠理念去做，是不会成功的。

我觉得在城镇化的发展中，城镇化不是有人生活就是城镇化，是因为它的经历、它的文化、区域的发展，平衡和不平衡之间的过渡是否自然过渡而产生的城镇化。所以，当下特色小镇建设步伐应该慢一点，特色小镇不是居住区，要保证人们的生活和文化的享受，要挖掘它的潜能，在潜能的基础上提升，把当地的文化挖掘出来。

（3）华中农业大学教授张斌：特色小镇规划设计如何体现这个"特"

我觉得虽然说特色小镇作为一个中国特色的一个新词，大家比较陌生。但是如果讲到核心词"镇"，那么这个字应该不是很陌生。我是农村长大，这个"镇"对我来说是什么概念，就是得有一段时间才能去，正如以前常说的"赶集"。还有就是"赶集"的地方有好多好吃的好玩的，这是对"集"的一个体会。这种状态的"集"，应该在中国有超过千年的历史，至少在宋代之后就有。那么，是不是还要保持这么一种"赶集"的基本方式和数据的标准来建设特色小镇呢，肯定不是。

张斌

现在已经进入了人工智能时代，所有的距离和很多东西都要发生新的改变，所以说特色小镇如果还仅仅停留在传统的镇的概念上肯定是不行了，因为它在前面加了"特色"。很多专家都说特色小镇的"特"首先是产业的"特"，我非常同意。

建设一个特色小镇，我们大概还是要分析一下它的生态的格局，它现有的资源，这是基于生态的思考，所以"三生（生态、生产、生活）"当中，我认为从风景园林角度上讲，第一个"生"肯定是"生态"。但是对于要做特色产业的企业，或者对于要做特色小镇的规划师来说，可能"生产"是第一位。所以特色小镇建设应该注重"三生"之间的关系。特色小镇产业的植入，要注重对生态环境和自然资源的保护。要回归生活的本质，实现可持续发展。

（4）北京林业大学教授李运远：特色小镇面临的问题和未来前景

从政策层面，2016年7月住建部、国家发改委、财政部三个部门提出培育特色小镇的计划和方案。"培育"这个词用得非常好，它不是一蹴而就的过程。我们所要表达的建筑的形象、环境的形象，包括棕榈股份的时光贵州这个项目，其实产业的"特"是核心的东西，其他的就是一些表达的方式而已。2016年10月国家发改委提出了美丽特色小镇（城）政策。第一次把特色小镇和特色小城镇来区别对待。特色小镇是业态集合的一个地方，它

李运远

并不属于行政的区划。中国没提出特色小镇的时候，其实在国外，美国有好多特色小镇了。例如雀巢公司所在的沃韦（Vevey）小镇，就是属于特色小镇的产业"特"。

国外的特色小镇案例可以向我们提示以产业的"特"来达到我们的目标，并通过这些特色小镇聚集一些具有先进技术的产业和高端型的人才。特色小镇一系列配套的设施是否能留住高端的人才，而这些高端人才恰恰是从城市溢出而来到特色小镇的。到特色小镇会有非常好的生活方式，特色的交往方式，人们会住得非常舒适。

浙江省在2012年更早的时候开始"三生"的打造。在研究方面，我们讲究"三生打造，一脉承接"，这个"脉"指的是文化脉。先是产业的聚集，技术的聚集以及高端人才的聚集。我觉得80%的特色小镇的建设没有考虑清楚自己的定位到底在什么样的位置，应该融入什么样的产业，自身产业和周围产业类型有没有产业链的形成以及自身产业链的长度有多长等等问题。

衡量一个小镇是不是特色小镇有几个维度来考虑。第一个是产业维度；第二个是形象维度，形象维度是风景园林人的一个发力点；第三个维度是政策维度。一个特色小镇的发展如果有相应的产业，相应的环境，相应的政策配套，小镇像一个特区，能够享受好的政策跟它相配套，这样的话才能吸引高端的人才和技术，这个才是未来特色小镇发展的方向。

（5）四川大学教授牟江：在特色小镇建设中保护和弘扬生态、文化和产业

生态从城镇的关系来讲，一个是自然环境关系，一个是城镇自身内部运行的关系，包括居民在这里生活的一个关系。现在国家提出特色小镇的建设，这个理念我们一直在思考，什么是特色小镇？过去只知道有传统特色小镇，现在就叫特色小镇，那么，这里面就包含了两方面的含义，一个是传统特色小镇，另一个是现代条件下的特色小镇。所以有老师提到的，以围绕现代生活条件下的一个要素，一个新点，来建设的一个具备各种条件的聚落或城镇，也可以称之为特色小镇或特色城镇。

牟江

四川的传统特色城镇非常多，随着时间的变迁，很多特色小镇发生了变化，有的保留得比较好，有的则完全改了样。所以，我们常呼吁"保护和传承"，就是在保护的前提下，开发传统特色小镇。现在按照新的历史条件下回看，那个时候对特色小镇的概念的理解是还是有局限，过去的传统特色小镇的形成是在当时的历史背景下形成的，形成传统城镇的要素无不外乎有这么几点：一个是主要的交通节点，包括码头、驿站；还有特殊的地理位置，包括隘口，战争引起的特殊要地。二是围绕文化或者宗教而聚集的一个中心，比如围绕一个寺庙或者围绕一个文化的重要场地聚集的一个聚落，也有包括一个乡镇一个片区农村里面大家认为适合聚集在一块的一个中心。

虽然，现在我们还是按照过去传统的时空观来衡量特色城镇确实不太适应这个时代的发展，但另一个层面来说，是不是就要完全去改变，或者说另外去创造一些城镇？其实这里面，人类的文化，包括人类的生态环境，它是一个沿袭和传承的过程，是按照一种轨迹在发展，我们不能把这种轨迹在这个时代突然断开，去创造另外一种轨迹。我们还是要遵从传统文化发展的轨迹去研究它，然后找到适合我们这个片区发展的一个要素继续往前走，而不是突然出现一个新的东西，这种新东西突然出现在一个地域里面，就好像是一个临时展示品一样。因此，特色小镇建设要注重解决"根"的问题，即如何把自己传统的脉络关系梳理出来。在特色小镇的建设上，要注重历史文化的传承与保护，生活的宜居，同时也要注重新科技和创新。

（6）西南林业大学教授苏晓毅：在特色小镇建设上，高校人才培养及校企合作

很多专家都谈到特色小镇的"特"和"生态"方面的内容，其中"特"是特在产业，而"生态"其实除了包括山水田村、自然风貌生态外，还包括文化生态、社会生态和经济生态。这样一个生态体系，是需要多方面的知识整合才能够规划好，包括特色小镇的培育、孵化等。这次棕榈杯参赛的队伍大多是以风景园林专业为主的学生，但是特色小镇建设又包含刚才所说的很多方面的知识，所以我认为在今后的研究生教育和本科生教育中，可

以从较高、较广层面的知识体系中进行培训。例如现在的建筑系学生、规划系学生、风景园林系学生都有涉及跨界设计的情况。因此，在我们专业课程设置上，可以考虑设置一些个性模块，给一些风景园林专业，但在个性领域有特长的学生学习，包括社会人文、社会空间、社会实践的参与等特色知识和技能。

另外就是关于选修课。其实选修课是作为主修课的补充和支撑。目前风景园林专业微观课程比较多，但是宏观课程相对缺乏。我认为可以在一些宏观层面的课程上适当增多，例如地理学、社会学、经济学等一些课程，以给主课程作为一个很好的补充和支撑。但是这个也需要一个校企的合作，让企业给学生多点学习和实践的机会。因为，很多理论课程，一旦离开了生活和生产，就会失去它的灵魂和生命力。这次"棕榈杯"邀请赛，就是一个很好的学习和实践的机会。

所以说，特色小镇的建设，不仅是出钱、出力就可以轻易完成的事情，更是需要多方面的支持整合。特别在后备人才培养上，应该更加注重跨学科、跨领域，落实到具体的教学和实践上。

苏晓毅

1.1.3 "棕榈杯"特色小镇专家主题对话

为了达到理论与实践相结合，百家争鸣，推动美丽乡村建设，协调乡村与城市可持续发展的目的，本次"棕榈杯"特色小镇设计创意邀请赛还邀请了来自政府、企业、学/协会、高校等领域的代表、专家和学者参与到"棕榈杯"。期间，举办了两场关于特色小镇的主题对话，以探讨解决当下特色小镇发展热点、难点问题以及为未来发展方向出谋划策，促进相关理论和实践研究。

1. 特色小镇的"特"体现在何处？如何体现其魅力

主题为"特色小镇的"特"体现在何处？如何体现其魅力"的对话由棕榈生态城镇发展股份有限公司副董事长刘冰先生主持。广东省建设厅村建处宋健处长、华南理工大学建筑学院肖大威教授、中山大学旅游学院曾国军副教授、暨南大学管理学院文吉博士、贝尔高林国际（香港）有限公司副总裁及创作总监谭伟业先生、湖南浔龙河生态农业开发有限公司柳中辉董事长、广州普邦园林股份有限公司集团执行董事叶劲枫先生针对在特色小镇生态建设中如何协调乡村与城市的可持续发展、如何打造特色小镇可持续发展生态链、老的产业如何转型升级、特色小镇的产业定位发展与运营路在何方、如何打造和运营特色小镇等特色小镇建设热门问题进行了深入的探讨和解读，并耐心为提出疑问的学生进行解答。

谭伟业副总裁： 从我的这些角度来看，特色小镇最重要的是"特色"两个字，没有特色就不可以叫做特色小镇。有句话说得好：靠山吃山，靠水吃水。其实这句话是有两种含义的：一个是对环境的尊重，另外一个是对生

活的尊重。从这方面来说，才可以让生活、让小镇产生特色。对旅游发展来说，它要人产生兴趣，让人一去再去的。

谭伟业

文吉教授：特色小镇的"特"的第一点应该是体现它的一种氛围。这种氛围不是跟城市一样的，而是来源于小镇本身的一个人文的脉络。第二点，特色小镇的功能是城市一些延展功能的承载地。第三点，从特色小镇本身人地和谐，从它的产业地位来说，最大的难度在于创新。以项目落地来打造我们的特色小镇，是要创新的，不是随便的复制或者随便将时髦的某一种业态加进来就可以。

曾国军教授：第一，我更关注特色小镇的发展中的经济效益中的问题，效益和可持续发展是密切相关的。第二，从特色小镇本身的定位来看，所谓的特色，其实更重要的在于产业方面，所以要关注产业选择。特色小镇的产业选择不是凭空而来的，是基于历史和传统，基于产业和周边环境而产生。第三，特色小镇产业需要关注生产性服务领域和生活性服务领域，它是切合城市和乡村的一个中间要点，一个中间节点。

宋健处长：特色小镇首先在城镇体系发展当中有一个明确的定位，就是一个接受城市的辐射和功能传导的一个节点。第二个方面，生态绿色是我们城镇的一个发展方向。我们特色小镇在生态、低碳、绿色方面，除了产业的转型升级以外，在绿色发展，包括一些智能、绿色的、低碳的这些领域一定要体现城市的发展方向。

肖大威教授：最开始掀起美丽乡村的时候，我们觉得宜居还不够全面，应该是宜业宜居。将来我们全国展开的特色小镇未必是全域旅游的，它的特色是方方面面的，但是它有个核心，那就是乡村的振兴。将来农民能够在他们自己的家乡宜业宜居！

柳中辉董事长：我个人觉得特色小镇建设可以概括成是一个"六四"工程。"六"是指生态功能、文化功能、旅游功能、产业功能、社群功能和创新功能这6个功能；"四"是指产、城、人、文4个重点。

叶劲枫总裁：特色小镇的特点在哪里，我们探讨的非常多的就是这个IP。我觉得在IP方面真的要深度挖掘我们自身的本土的一个特点，还有自身产业的一个特点。另外，在IP的推广方面呢，就需要一定的形象性，因为每

文吉

曾国军

宋健

肖大威

柳中辉　　　　　　　　　　　　叶劲枫

个人，包括我们自己都需要一个名片。所以，我觉得在未来的特色小镇建设上面，在IP上面可以做得更加有趣，形象更加鲜明以及传播起来可以更加便捷。

2. 风景园林专业学位人才培养如何与美丽人居环境建设相适应？

棕榈生态城镇发展股份有限公司副总裁张文英女士主持了第二场以"风景园林专业学位人才培养如何与美丽人居环境建设相适应？"为主题的对话。在这场主题对话中，全国风景园林专业学位研究生教育指导委员会秘书长李雄（北京林业大学副校长）、同济大学风景园林学科专业学术委员会主任刘滨谊、香港高等教育科技学院环境及设计学院陈弘志院长以及广东省城乡规划设计研究院规划四所王磊所长分别就十九大精神对于风景园林事业的重大意义、风景园林高校人才培养如何有效与美丽人居环境建设衔接、首届"棕榈杯"设计创意邀请赛对于提高风景园林专业学位学生实践能力有何创新性意义和价值等内容进行了积极的交流和分析。

李雄副校长：我刚刚学习完十九大精神，对于我学习的体会和今天的主题，在这里跟大家分享一下。"新"字是这次十九大很重要的一个关键字，标志着新时代、新体会、新举措等，其中给我体会最深的就是"新美丽"的概念。新美丽主要在两个方面体现：第一是我们国家首次将美丽与现代化建设目标结合起来，变成我们重要的奋斗目标。这样一来，我们风景园林的前景变得无限扩大。第二是我们国家在十九大提出了目前的社会基本矛盾是人民日益增长的美好生活需要和不平衡不充分的发展之间的矛盾。可见，人民的美好生活已经变得越来越重要。

李雄

刘滨谊教授：中国的人居环境建设已经走过了两个30年。在第一个30年，国家解决了温饱问题。第二个30年，我们改革开放，国家快速发展，但对于人居环境和风景园林的建设力度不够。现在正进入第三个30年，正是风景园林人大展宏图的时候，风景园林专业的学生可以说是赶上了好时光。另外，"新"这个十九大精神的关键字，不单是建设新，还要我们的思维、观念换新的。对于风景园林专业的学生来说，学习不能受限于仅仅是风景园林，至少是建筑、规划和风景园林三位一体才可以，它们一起才构成人居环境学。对于人居环境，可能很多学生都不太了解，因为在风景园林教育系统中，这方面的课程极少。人居环境学有三个很重要的方面：第

刘滨谊

陈弘志

王磊

一要建立生命观的概念，以特色小镇来说，建设规划要让小镇有生命，可以想象未来是变成什么样子；第二是时空观的概念，我们从时间和空间的概念去理解人居环境，从空气、阳光、水到山、石、植物等方面去解读，这样更容易找到风景园林的位置；第三个就是综合的观念，过去单单利用一个学科的专业去构建人居环境已经不现实了，现在需要很多学科的配合去建立完善的知识体系，才能适应人居环境建设的需求。

陈弘志院长：风景园林到底要教什么？在远古社会，人在大自然面前是非常渺小的，经过了很多年，人类知识水平、文化水平、科技和技术水平逐渐发展，人也变得越来越强大。从开始恐惧自然、顺从自然，到现在变成想要控制自然，所以导致人类跟自然的关系变得紧张。我们应该反思，教育应该要教什么！一个学生要学风景园林，要学很多知识，包括需要关注土壤、植物、气候等知识，也要学习社会、经济、哲学等知识。但是最终教育学生的什么才是最重要？我认为，教育学生一种人与自然的价值观是非常重要的。人与自然的关系应该要如何处理，人在自然里应该发挥什么作用，人与自然的价值是如何体现等等，是我们的教育体系里需要特别关注的。

王磊所长：我对于教育可能不太懂，但我们是用人单位，对于用什么样的人才非常清楚，所以可以分享一下用人单位对学生的几个要求：第一，对于本科生来说，用人单位希望是学生具有扎实的基础；对于研究生来说，用人单位希望学生除了有扎实的基础，还要求知识面要广。第二，用人单位希望招到可塑性比较强的人才，在学校环境里跟社会环境里，吸收和学习的东西是有很大差别的，学生在学校里只是学会基础性的知识和技能，而在社会上工作，就需要吸收更多实际经验、操作技能、团队协作等内容。所以，可塑性就变得很重要了。

1.2 邀请赛说明

1.2.1 背景

《首届"棕榈杯"特色小镇设计创意邀请赛》旨在围绕生态城镇建设主题，通过邀请全国有代表性的高校以组队方式参与广东特色小镇案例规划竞赛，达到理论与实践相结合，百家争鸣的目的，推动美丽乡村建设，协调乡村与城市可持续发展，解决当下乡村景观发展热点难点问题以及为未来发展方向出谋划策，促进相关理论和实践研究。

1.2.2 竞赛的形式

（1）生态城镇规划设计方案：侧重于生态规划、建筑规划、土地利用规划等方面
（2）生态城镇发展调研报告：侧重于社会发展规划、民生规划、产业规划等方面

1.2.3 竞赛要求

活动以特色小镇可持续发展为主题，以棕榈股份的项目为实例，用棕榈股份在中山小榄镇的项目空间概念规划及核心区建设概念为竞赛背景资料。

竞赛作品、方案要科学的体现五规合一的生态城镇理念，即以人口规划为基础、以产业规划为核心、以空间规划为引导、以文化遗产保护规划为重点、以土地利用规划为保障。

1.3 邀请赛任务书

1.3.1 项目基本情况

1. 项目名称

小榄特色小镇核心区——创意产业园及城市街区改造更新项目

2. 项目背景

小榄镇是中山市西北部城市组团中心，承接区域行政中心、生产与生活性服务中心和区域旅游休闲服务中心的重要功能，在中山产业和城市升级中承担重要角色。小榄的基地自然环境特色是由山、水等自然要素构成的具有岭南水乡特色的生态本底格局，基地内外围有水道，内部河涌流贯于东西水道间，纵横交错，形成以"水色匝"为特色的水乡风貌。

小榄特色小镇是以"新小榄人"的需求为核心，引导产业、文旅、城市的发展导向，依托产业基础和创新，挖掘榄商和菊城文化，发展可持续旅游，更新城镇空间，构建绿色、开放、多元、智慧的特色小镇。此次竞赛的两个项目都是小榄特色小镇规划范围内的重要节点，也是反映特色小镇风貌的关键载体。

示意图1

（1）项目位置

本项目位于小榄特色小镇核心区，毗邻龙山公园、滨河公园和小榄镇镇政府，交通便利，地理位置优越，也是特色小镇建设的引擎区域。

（2）用地范围

以荣华路、小榄大道、升平东路和与龙山公园的交界为项目用地范围，南华东路和与其垂直的道路十字路口为中心（示意图1，详见CAD图红线）。

1.3.2 "棕榈杯"特色小镇设计创意邀请赛作品要求说明

1. 总体设计原则

（1）遵循上位规划原则

本次竞赛应充分遵循《中山市小榄镇总体规划修编（2015—2020）》及《小榄特色小镇顶层设计》等上位规划，必须符合上位规划对本项目区位的定位及相关要求。

（2）统筹协调性原则

设计应充分考虑土地利用、城市景观、生态环境保护、防洪排涝等方面的要求，实现各要素的统筹协调。

产业研究需要充分考虑当地产业现状、城市发展概况、城镇化进程等各要素，实现产业、规划、文化等多方统筹协调。

（3）体现地方特色原则

规划设计和产业研究都应充分体现地方特色，打造兼具小榄风格和时代品位的城市景观空间与产业发展模型。

2. 规划设计内容及要求（参与规划设计竞赛方案的院校适用）

（1）发展目标与定位研究

分析借鉴国内外具有代表性和可比性的相似景观规划设计项目资料，研究并确定项目的发展目标、功能定位、与周边地区的协调发展等问题。

（2）土地利用规划

在项目现有空间布局和土地利用规划的基础上，深化土地利用规划，突出景观建设与土地开发的协调和互动。

（3）道路交通规划设计

结合周边道路交通条件，对设计区内的道路交通系统进行分析研究，结合空间布局，科学合理组织各层级交通流线。

（4）城市更新及沿街建筑立面改造

以十字路口为中心，对沿街建筑立面做统一改造，并结合用地、交通等对项目范围内的旧城提出更新策略，合理利用旧建筑，适当拆旧建新，新旧建筑的比例控制在50%以内。

（5）景观系统规划设计

结合用地、建筑、交通、水体、绿地等各方面的现有条件，统筹景观设计要素，合理设计项目内的景观系统。

（6）中央水道规划设计

针对项目区域顶层设计中的中央水道规划，针对更改方向新开的中央水道（方向见示意图2）岸线提出设计方案，融合生态、防洪、景观、活动等要素，营造宜人的城市亲水空间。

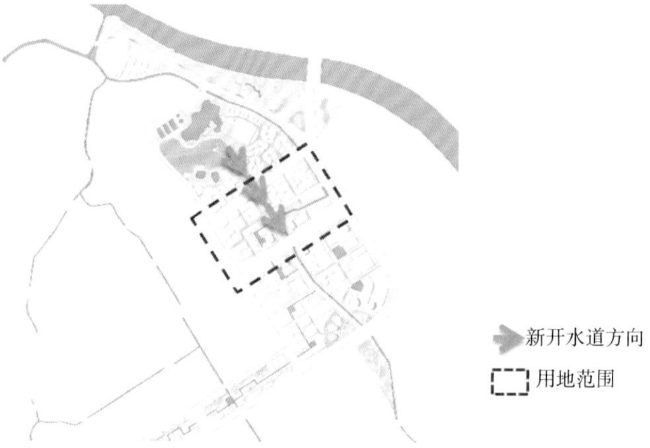

➤ 新开水道方向

⊏⊐ 用地范围

示意图2

（7）植物配置设计

在景观系统规划设计基础上，深化植物设计专题，根据空间意向提出植物配置风格等，需要考虑植物生长适宜性及后期管养。

（8）重要节点设计

自行在规划范围内选取1~2个重要节点，做详细节点设计。

3. 产业研究目标（参与产业发展调研报告的院校适用）

（1）文化的提炼演绎

通过对小榄传统文化的挖掘，梳理小榄的人文资源，立足场地的上层规划定位，提炼出该区域独特的文化核心，并将此核心理念与实际的空间规划、产业发展、业态策划相融合，演绎出具备实操性的文化产品和建设内容。

（2）产业的定位与发展路径

- 通过对项目所处的区域格局进行剖析，根据其具有的资源和基础条件，在整体上层规划要求指导下，挖掘驱动区域性发展的产业核心和发展需求。
- 在产业升级与城市更新的双重视角下，明确项目地的产业发展骨架与核心产业门类。
- 根据产业定位的结论，解析产业发展的客观规律与驱动诉求，明确产业发展的支撑与推进过程中所需的软硬平台搭建。
- 提出合理的开发和运营模式，搭设产业发展的路径模型。

（3）空间的功能组织和提升策略

提出空间功能组织方案，作为详细空间设计的导则。

- 承接产业的发展骨架和门类，根据实际的产业发展的空间规模需求，结合现有周边的功能组织、现有的空间特色、未来的发展方向确定项目范围内的空间功能布局。
- 剖析现有的空间现状条件，结合功能布局，以核心文化为引领，提出项目范围内土地功能的置换策略、慢行系统的营造策略、建筑改造利用策略，与其他公共空间整合的提升策略等。

（4）与特色小镇契合的机制与模式

以创意产业园区为试点，构建合理的政企合作平台和机制，以区分政府投入与民间合作的内容，并针对产业引导基金，有效吸纳民间资本做相关的研究。

华南理工大学：
览山·揽水·榄智城

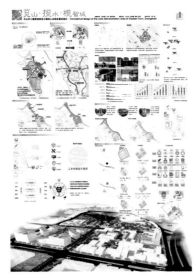 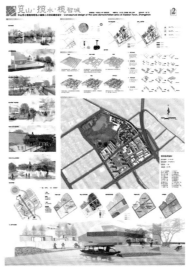

获得奖项：

规划设计组一等奖、最佳乡土建筑奖。

设计方案概述：

我们的设计概念源于对场地中丰富独特的资源和环境的挖掘。基于对现状产业结构的研究，结合山水相融的自然环境和人文环境，传达出览山、揽水、榄智城的设计理念，为场地的更新及发展带来良好的契机。方案设计将形成"一轴，两带，一廊，四组团"的总体规划结构。

指导老师：林广思

博士，华南理工大学建筑学院风景园林系教授、博士生导师。

研究方向：风景园林规划设计及其理论、中国近现代风景园林史、风景园林政策法规与管理、风景园林学科发展与课程体系建设。

简萍

2015级风景园林硕士

独白："设计虐我千百遍，我待设计如初恋"……坚信"过去虽不可改变，但未来却永远可以"，愿在景观设计道路上的自己能够潜心向前，一直收获，一直成长。

李丽晨

2016级风景园林硕士

独白：在有设计陪伴的日子里，坚信我们不只是图纸的生产者，更是理想的创造者。爱设计，筑建爱。

熊雨

2016级风景园林硕士

独白：认同设计不仅能孕育方案，同时也是一个自我提高、自我完善的过程，怀着对设计的追求，带着梦想前行，相信路上比终点更有意义。

吴文杰

2016级风景园林硕士

独白：无论是人生还是旅途，最好的风景一直都在路上，当感到困惑彷徨的时候，嘿嘿，那就一顿火锅解决，实在不行就两顿。

2.1 项目思考

2.1.1 地理区位

竞赛项目基地位于中山市小榄镇东北部，与中山市区相聚28km，基地西北毗邻佛山顺德区，北距广州市区70km，南距珠海、澳门90km，西距江门10km，东距深圳、香港150km。依托小榄镇的地理优势，覆盖完善的交通网络，具有很好的发展前景，是未来小榄菊城智谷的重要组成部分。

2.1.2 规划背景

2016年7月1日，住建部、国家发改委、财政部联合发布通知，决定在全国范围开展特色小镇培育工作。2017年8月，广东省发展改革委发布《关于公布特色小镇创建工作示范点名单的通知》。广东省首批特色小镇创建示范点名单正式出炉，其中就包括中山小榄菊城智谷小镇。2017年5月，中山市下发了《中山市关于加快推进特色小镇建设的实施意见》(以下简称《意见》)，根据该《意见》

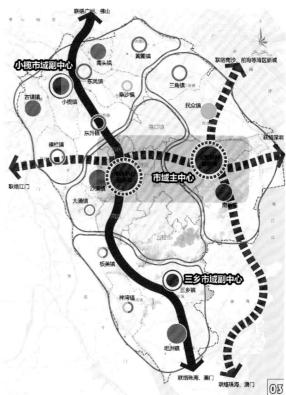

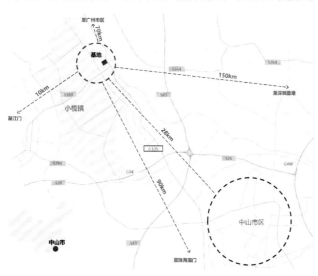

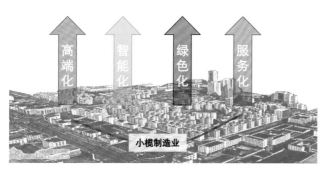

提出的目标，中山市将凝聚各方资源，合力加快特色小镇规划建设。

在此背景下，根据《中山市城市总体规划（2010—2020）——市域城镇体系规划图》和《中山小榄镇总体规划修编（2015—2020）——空间结构规划图》，小榄定位为：市域副中心珠三角智能制造业基地、中山市西北现代服务业中心、区域性综合交通枢纽、富有岭南水乡特色的宜居健康型城镇。

小榄空间布局为："一心两带八片区"，即依托产业优势，促进技术、人才、资金、文化、旅游等高端要素集聚发展，打造"生产、生态、文化、生活"四位一体融合发展的菊城智谷小镇。

《中山市国民经济和社会发展第十三个五年规划纲要》中，提出将贯彻落实"制造2025"战略部署，推动中山制造业向高端化、智能化、绿色化和服务化转型升级。

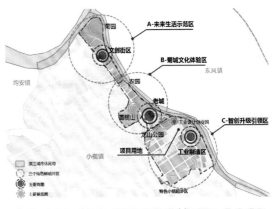

2.1.3　上位分析

小榄特色小镇起步区利用小榄水道串联三个有机单元，构建"一带三区"。

- 一带：滨江城市休闲带。
- 三区：三个特色鲜明片区。

基地处于智创升级引领区，相对于周边组团，其工业制造业发达是其一大特色，且离老城区距离较近。

2.1.4　规划范围及场地现状

规划范围北至沙口东路与海傍路交接处，南至升平东路，西至华荣北路延长至华荣中路段，东至沙口东路，规划总面积为21.4hm²。

规划范围内产业以工业为主，工业用地占项目用地面积的51.4%，其中工业类型以小榄传统制造业产业为主，包括机电工业、五金工业、服饰制造、化工工业等。

场地内商业以零售、餐饮、汽修等低端商业为主。

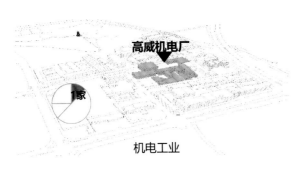

机电工业

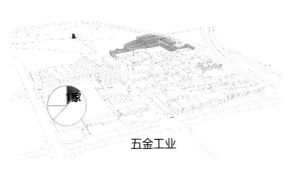

五金工业

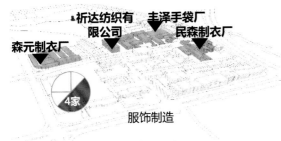

服饰制造

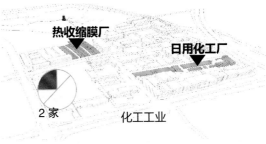

化工工业

2.1.5 优势产业分析

目前，小榄镇第二产业占绝对优势，优势传统企业发展增速放缓。

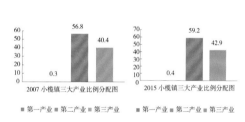 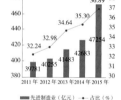 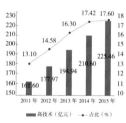 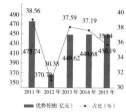

2007/2015小榄三大产业比例图　　　　　2011—2015年小榄现代产业体系情况表

2.1.6 规划定位

目前项目用地性质主要为工业用地，规划将转向商业用地为主。如何响应这种转换呢？我们认为应该从小榄制造转成小榄智造的形式进行转型。

在产业升级上，可以以工业产品创意设计为发展核心，以教育培训与科技研发为发展基础，以商务支持与创意营销为发展动力，协调配套商务服务与生活服务，形成教育、设计、研发、推广、销售五位一体的全产业链模式。

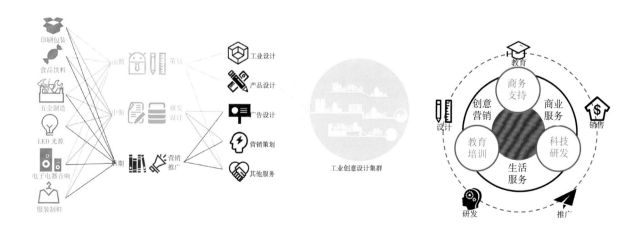

生态绿地廊道

生态水系廊道

主要公园

小榄镇

均安镇

东凤镇

小榄菊花文化公园

建华健身公园

圆山公园

凤山公园

龙江公园

黄江公园

特色小镇起步区

2.2 规划策略

我们的设计概念源于对场地中丰富独特的资源和环境的挖掘。基于对现状产业结构的研究，结合山水相融的自然环境和人文环境，传达出"览山·揽水·榄智城"的设计理念，为场地的更新及发展带来良好的契机。

2.2.1 山水格局

基地周边自然环境主要有龙山和西江小榄水道。

龙山山体高度40m、最高点的5层腾龙阁楼高25m。龙山公园占地面积约13万 m²，其中绿化面积9.5万 m²，水面面积3万 m²。

小榄水道多分支，排水快，故洪峰一般历时不长。汛期最大流量2980m³/s。常水位常年在3~4m左右。

由此看来，小榄镇所谓依山傍水，"山得水而活，水得山而壮，城得水而灵"，我们的方案设计也将融进保护自然山水格局，打造城市山水名片的思想。

2.2.2 文化梳理

小榄镇有着极具地域特色的民俗文化和水乡文化，包括菊文化、水上集市、"水色匦"。

菊文化：历史上菊花栽培技艺的引入，加上土地肥沃，气候温和，造就了小榄丰厚的菊文化。大型的菊花盛会每隔60年举办一届，菊文化也成为首批"国家非物质文化遗产"。

水上集市：水陆结合地带形成的水域经营交易模式。满载货物的船只在河涌穿梭通行，与陆地市民进行交易。展现着岭南典型的水乡特色。

"水色匦"：小榄传统水乡活动，以民间故事人物为背景，在这条大涌上举行飘色巡游。"水色匦"是小榄首创的地方民俗景色品牌，是一项历史专利。

在特色小镇的建设上，应该尊重历史文化与地域特色，让城市融入大自然，让居民"看得见山，望得见水，记得住乡愁"。

菊文化　　　　　　　　水上集市　　　　　　　　水色匦

2.2.3 自然环境策略

目前，项目场地闭塞，缺乏活力，我们通过引入城市中轴线加强场地与周边的联系，并采用退台式建筑，营造出视觉通廊和通风廊道，实现览山的目标。

另外，场地的水空间也相当缺乏，水活动没落，我们通过联系各功能区，重新激活活力，并结合产业和文化实现水上展示功能，再结合气候适宜性策略及LID技术，实现场地揽水的目标。

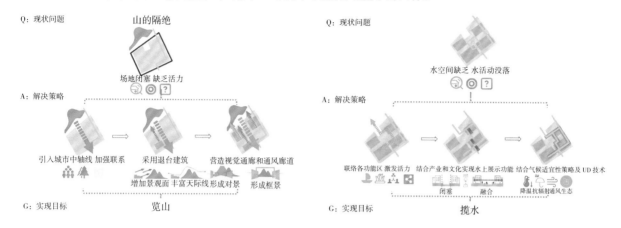

2.2.4 产业布局策略

通过产业调研分析，规划将设置五大产业主题区。

- 教育培训区：以技术交流、教育培训等功能为主。
- 联动研发区：以产品设计、产品研发，企业联动等功能为主。
- 会展展示区：以商贸平台、产品展示、创意集市等功能为主。
- 商业服务区：以商品零售等功能为主。
- 支持服务区：以金融投资服务、咨询接待等功能为主。

最终将建成特色产业集群圈，达到榄智城的目的。

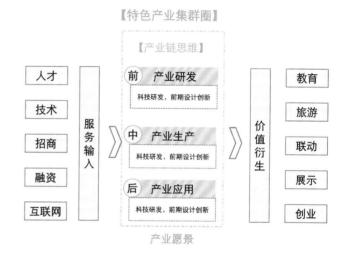

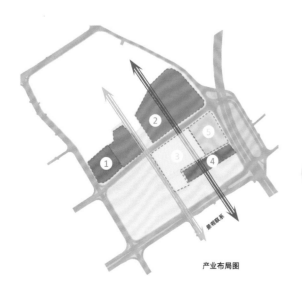

产业布局图

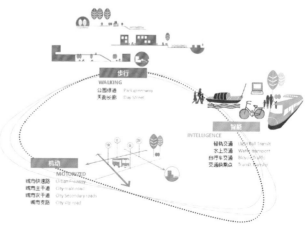

2.2.5 交通规划策略

在交通规划方面，方案将保留道路基本结构，并建立步行化主要街区，实行分时管理，让整个区域的交通以慢性系统串接，同时加入众多创新慢性系统方式。

2.2.6 开发容量控制

我们经过场地的调研和计算，现状容积率约为1.06，容积率虽然不高，但场地内开放空间却比较稀缺，分布也不均衡。方案将尊重场地外围景观高度控制建筑高度，并遵循中山市城市控制性规划，参照类似定位项目的容积率和参考《中山人口发展十三五规划》文件，拟定将场地容积率控制在1.5以内。

2.2.7 开放空间策略

现状场地建筑密集，除西南边有一大块绿地外，其他区域缺乏开放空间。我们将质量较好的和一些具有场地历史意义的建筑保留，将质量较差的建筑拆除，清除出来的空间作为开放空间使用，并加入新的绿色和活动开放空间。

将部分保留下来的建筑底层功能置换成开放空间使用，规划连续的慢行交通体系，串联起场地内开放空间。重新规划设计后，形成丰富的开敞空间，提升整个场地活力。

拆 **44.7%**：101270.3㎡
改 **22.0%**：49860.1㎡
留 **33.3%**：75474.6㎡

（注：总建筑面积为226605㎡）

■ 拆除建筑
■ 改造建筑
■ 保留建筑（立面更新）

控制建筑高度普遍在10~30m这个范围。

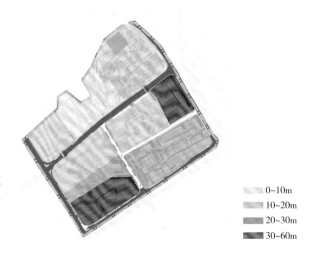

□ 0~10m
□ 10~20m
■ 20~30m
■ 30~60m

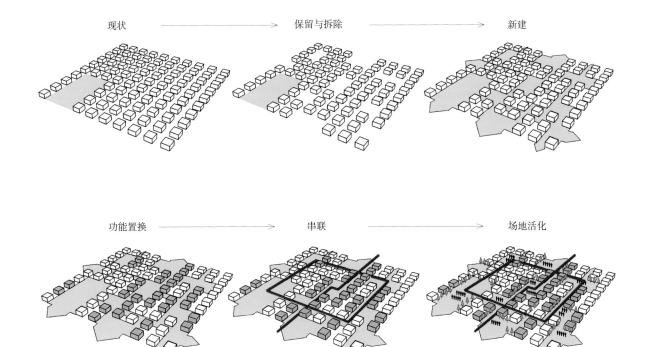

现状 ——→ 保留与拆除 ——→ 新建

功能置换 ——→ 串联 ——→ 场地活化

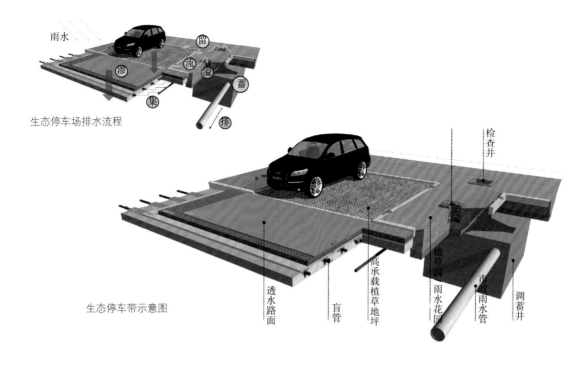

生态停车场排水流程

生态停车带示意图

2.2.8　生态策略

在生态方面，将建立雨水收集与利用设施，包括设计绿色屋顶、集水箱以及生态排水沟等，甚至建设生态停车带，并设置良好的排水系统，将雨水顺利排出。

2.3　方案设计

2.3.1　总体规划结构

总体规划为"一轴，两带，一廊，四组团"。

- 一轴：城市绿轴。
- 两带：活力揽水带、休闲揽水带。
- 一廊：览山景观视廊。
- 四组团：产学研组团、商务服务组团、创意展示组团、生活居住组团。

2.3.2 功能分区规划

在功能划分上，将规划教育培训区、研发联动区、支持服务区、会展展示区、商业服务区这五大产业区，以及建成一个以混合社区和保留原场地的居住区。

在这些分区上，我们将深化土地利用，针对各个功能分区设置不同的用地性质。

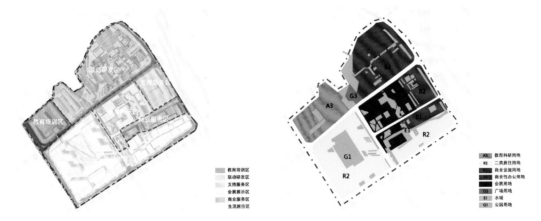

2.3.3 专项设置

（1）交通专项

（2）建筑专项

（3）植物专项

植物配置原则：因地制宜、科学合理配置，再结合岭南园林传统植物配置方式以及小榄传统菊景风貌，将乔木、灌木、地被、水生植物充分结合，突出岭南水乡榕树的引领作用和小榄菊花的特色。

（4）照明专项

采用环境友好的生态照明设计、高效节能、环保、安全、舒适。对生态照明的具体实施措施如下：

- 灯具光源方面以其他节能灯高效发光光源为主。
- 采用定制能控制手段对系统进行优化。设有全夜灯、半夜灯和定时灯。
- 充分运用现代科技手段，LED灯具采用DMX512总线进行控制。
- 智能照明控制系统，各景观配电箱设置智能控制模块控制各照明线路。

（5）项目分期规划

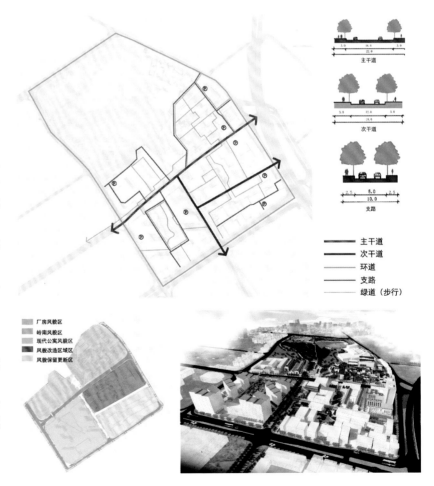

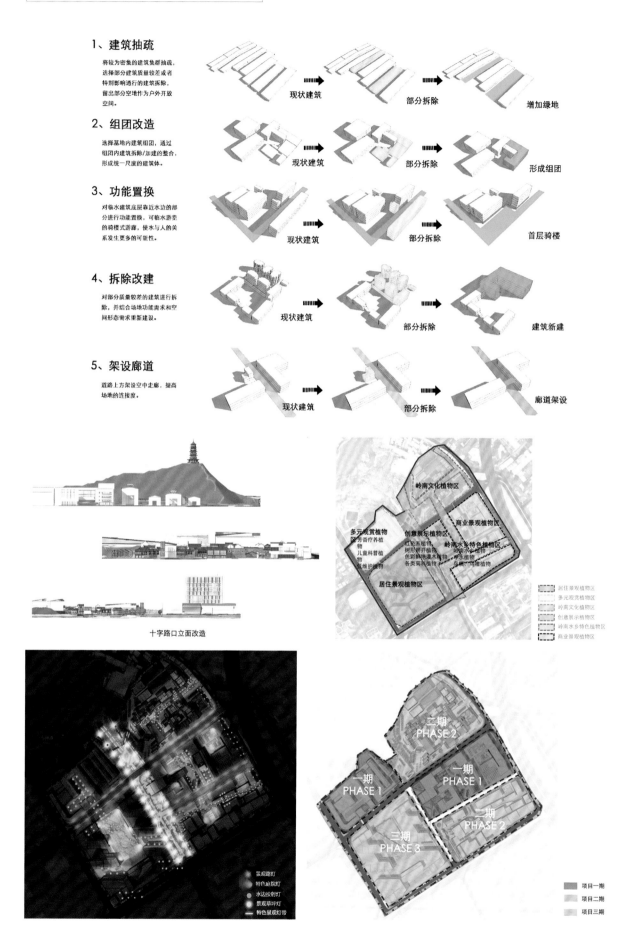

1、建筑抽疏

将较为密集的建筑集群抽疏，选择部分建筑质量较差或者特别影响通行的建筑拆除，留出部分空地作为户外开放空间。

现状建筑 → 部分拆除 → 增加绿地

2、组团改造

选择基地内建筑组团，通过组团内建筑拆除/加建的整合，形成统一尺度的建筑体。

现状建筑 → 部分拆除 → 形成组团

3、功能置换

对临水建筑底层靠近水边的部分进行功能置换，可临水游变的骑楼式游廊，使水与人的关系发生更多的可能性。

现状建筑 → 部分拆除 → 首层骑楼

4、拆除改建

对部分质量较差的建筑进行拆除，并结合场地功能需求和空间形态需求重新建设。

现状建筑 → 部分拆除 → 建筑新建

5、架设廊道

道路上方架设空中走廊，提高场地的连接度。

现状建筑 → 部分拆除 → 廊道架设

十字路口立面改造

岭南文化植物区

多元观赏植物区
芳香疗养植物
儿童科普植物
低维护植物

创意展示植物区
红色系植物
树荫耐开植物
色彩斑斓地灌木植物
各类菊科植物

商业景观植物区

岭南水乡特色植物区
岭南水乡植物
亲水植物
多肉、湿地植物

居住景观植物区

居住景观植物区
多元观赏植物区
岭南文化植物区
创意展示植物区
岭南水乡特色植物区
商业景观植物区

景观路灯
特色庭院灯
水边投射灯
景观草坪灯
特色景观灯带

二期 PHASE 2
一期 PHASE 1
一期 PHASE 1
二期 PHASE 2
三期 PHASE 3

项目一期
项目二期
项目三期

2.4 详细设计

2.4.1 中轴设计

在场地中轴设计上，设置了主入口景观、水上集市、展演广场、下沉广场和山前中央广场五个景观点，通过建筑形成通廊并形成对景，也通过建筑与构筑物形成框景，同时通过建筑退台的设计，增加景观面。

2.4.2 水轴设计

在水轴设计上，规划了水景景墙、街头绿地、中央水景、办公楼入口水景、岭南特色广场五处。

其中：

- 水幕展演：以观赏、交谈、休憩等活动为主，空间组织方式为观影台阶广场＋临水建筑。
- 水上集市：以展示、销售、交谈等活动为主，空间组织方式为下沉台阶＋临水建筑。

① 水景景墙
② 街头绿地
③ 中央水景
④ 办公楼入口
⑤ 岭南特色广场

① 主入口景观
② 水上集市
③ 展演广场
④ 下沉广场
⑤ 山前中央广场

- 临水小榭：以通行、停留、展示、销售等活动为主，空间组织方式为出挑台阶＋临水建筑。
- 河涌广场：以交流、休憩等活动为主，空间组织方式为台阶广场＋临水建筑。
- 河涌水街：以通行、交谈等活动为主，空间组织方式为围护栏杆＋临水建筑。

通过这个方案的设计，小榄将承接产业优势，回归历史文脉。我们希望从顶层规划到空间设计都对产业和文化形成有效的回应，形成生产、生活、生态相互适应，山水文化一脉相承的工业创意设计产业园区。

水上集市一

水上集市二

水幕广场

岭南风貌广场

观景平台

2.5 专家提问与点评

香港高等科技教育学院环境及设计学院院长陈弘志：你们的设计方案在处理场地时有什么亮点？这个场地和其他产业小镇有什么区别？

华南理工大学参赛代表简萍：首先，以特色小镇产业来说的话，我们的定位是工业产业园。目前大多工业产业园从设计上没有考虑到山水规划的引入，我们在规划布局的时候充分利用了场地的山水资源并重新激活，例如建立水轴。龙山是一个很好的地方，但是缺乏跟城市中轴线的关系，通过廊道的打造，将龙山与外面场地联系起来，这是亮点之一。第二个亮点是对岭南山水的恢复。中山是珠三角的一部分，也是岭南水乡文化比较有特色的一部分。但是，因为工业的发展，使原有的岭南水乡文化变得比较单薄，我们通过对水轴的设计，结合产业园的一些展示功能，营造一些比较丰富的水上空间，这也是突出岭南水乡文化的一点。

华南理工大学参赛代表吴文杰：在场地调研时发现，场地有很多工厂本身有自己的展区，但是这些展区都比较朴实，让人感觉比较低端。我们通过一些景观的介入，让它们的展示功能和售卖功能提高到一定的水平和层次，这样就通过景观设计结合了创意工业产业，形成产城融合。

3 CHAPTER

重庆大学：霓裳4.0服装创意产业园

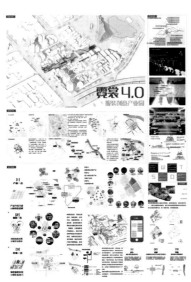

获得奖项：

规划设计组一等奖、最佳手绘图奖、最佳夜景应用奖。

设计方案概述：

以产城融合、环境融合、智创融合为总体规划设计原则，通过完善产业链、优化产业空间布局、串联绿色开放空间、升级区域基础设施、引入数字化智能系统、增加文化展示场所等多方面多角度的设计策略，形成产业先行、共生融合；绿色水网、生态延伸；智创升级、一轴五区的方案格局。

指导老师：杜春兰

博士，教授，博士生导师。重庆大学建筑城规学院院长、重庆大学规划设计研究院有限公司总景观师、国务院政府特殊津贴专家、重庆市一级风景园林师、中国风景园林学会常务理事、全国风景园林专业学位研究生教育指导委员会委员、全国风景园林学科专业指导委员会委员、国家权威期刊《中国园林》《风景园林》《景观设计学》等杂志编委及审稿专家。

马媛

2013—2014年省创优秀SRTP课题，2015年校级手工模型制作大赛三等奖，2015年首届成都地区园林景观设计大赛铜奖，2016年"彭州市龙兴寺片区城市更新"课题优秀成果评选二等奖，2017年四川省建筑设计研究院中华建筑文化"不完全建筑"实践营三等奖。

周恒宇

2015年园林模型制作竞赛三等奖，2016年"园冶杯"大学生国际竞赛规划作品荣誉奖，2015年首届成都地区园林景观设计大赛"银奖"。

石玮泰

2015年西南交通大学土木科技月第十五届结构设计竞赛一等奖，西南交通大学第十二届三维模型大赛一等奖，2016年成都市风景园林学会第二届银杏杯大学生风景园林竞赛第二名，2017年西南交通大学2017届校级本科优秀毕业设计。

彭鹏

风景园林研究生二年级就读于重庆大学建筑城规学院风景园林专业。

3.1 项目背景

3.1.1 规划范围

小榄镇创意产业园改造更新项目核心区范围包括小榄大道、沙口路、荣华路、紫荆路、广源路、菊城大道等道路的围合区域，规划用地面积约0.2km²。

3.1.2 区位分析

中山市小榄镇位于珠三角城市的中心地带，是广东省中心镇和珠三角的区域商贸中心，方圆100km左右有广州、深圳、珠海、香港、澳门等机场，国道、省道贯通全境。中山通过105国道北与广州相接，南与珠海相接，京珠高速从其境内穿过，大大加强了南北联系、中山与周边的联系。横向上，通过多条省道联系周边城市。

小榄镇东侧有105国道经过，北侧和南侧均有高速经过，西侧有中顺快线经过，中部有广珠城市轻轨经过。境内道路网密集，四通八达，与周边市镇联系紧密。除此以外，还设有码头、长途车站和轻轨站，具有完备的交通系统。

3.1.3 上位规划

城市空间结构形成"一心两轴八片区"的整体布局模式，由西北组团公共服务中心，商业服务轴、现代服务轴，北部高档住宅区、中心城区、轻轨商务区、五金综合服务区、西部工业片区、中部生态保护区、南部工业片区和特色小镇区组成。

3.1.4 现状景观格局

小榄以生态环境的打造和基础设施的建设为切入点积极推进菊城智谷小镇的建设。小镇背部滨小榄水道一带4.9km，将打造成为生态亲水廊道。此外，小榄还依托龙山公园、凤山公园、菊花园、江滨公园等完善生态环境，在菊城智谷小镇内形成一个循环的绿道体系。

3.1.5 文化资源与周边用地

小榄的工商业发展充满活力，区域经济特色明显，是全国重点镇、广东省中心镇和中山市首批工业强镇。

从文化资源来说，菊城文化、水乡文化、轻工业文化，三大

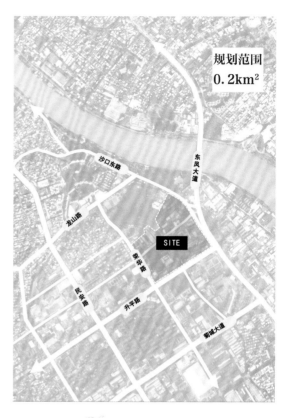

规划范围
0.2km²

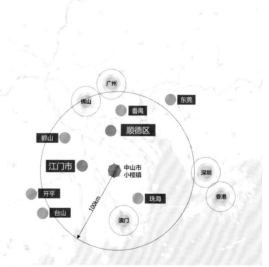

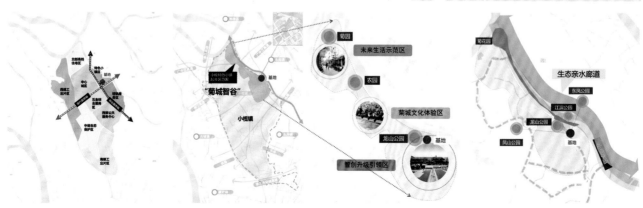

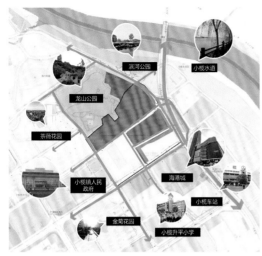

文化资源优势为设计提供了背景支撑。

从用地性质与周边业态来看，未来规划应与人民政府、海港城、高端住宅区等城市风貌相匹配。

3.1.6 现状交通与建筑

三面围合主干路为基地提供了便捷的交通条件，但是基地现状建筑质量较差，风貌不统一，高度与周边环境缺乏过渡与联系。

3.2 创意产业园立意

特色小镇做的是产业，我们选择了小榄镇的四大产业之一——服装为主打来进行这次的规划设计。我们将其定位为霓裳 4.0——智创服装产业园 1.0 是手工制衣，2.0 是机械制衣，3.0 是工业制衣，那么 4.0 即为科技制衣。我们希望园区的规划设计能够实现小榄从制衣到"智"衣的转变，由此来定义服装新时代。

3.2.1 服装行业发展趋势

从服装行业发展来看，有这样三个趋势：

（1）智能服装将进一步成为热点

开始研发计算机控制的"智能服饰"，如能够记录人体心跳和呼吸频率的"智能内衣"。这种服饰兼具时髦的设计和超强的功能性，符合服装业目标消费者的未来需求。

（2）大数据促进线上线下融合发展

传统服装零售企业实体店铺开展数字化改造实现线上线下融合互动成为趋势。与此同时，大数据将在服装生产制造销售各环节得到应用，包括数据采集、数据管理、订单管理、智能制造、定制服务等，实现流行预测、精准匹配、时尚管理、社交应用、营销推送等更多的应用，加速制造业向智能化、多样化商业服务综合体转型。

（3）粉丝、网红经济促成服装产业链精准营销

移动互联网打破了时间、空间的碎片化的传播方式，给粉丝更多的亲近品牌的机会，粉丝经济越来越得到服装企业的重视。服装企业需要更加注重消费者的体验，不断去提升消费者对产品的黏性。

所以，服装产业的未来具有巨大的发展空间。

3.2.2 小榄服装 SWOT 分析

中山市周边共有 18 个产业名城，集中区为江门、佛山、东莞、汕头，每个城市都有不同的服装定位，但是都以传统服装为主要产业，而我们希望未来的小榄能突破现状，成为广东省服装产业的引领地区。

从中山市的服装产业来看，现有服装企业 5000 多家，产生了"沙溪休闲服""大涌牛仔""小榄内衣"等影响力较大的产业集群，形成了较大的服装经济圈和区域核心竞争力。而小榄镇现有服装产业集群企业数 1567 个，从业人数超过 4 万人，同样具有非常好的产业基础条件。

从以上的分析看出，小榄镇服装行业的优势是很明显的，

而伴随着未来智能服装制造的发展趋势和消费升级带来新需求，小榄镇就需要攻克现状服装制造技术含量低，创新能力不足，品牌建设和资本运营滞后的问题，从智能制造技术与应用寻求突破。

3.3　方案设计策略

3.3.1　产城融合

产城融合——产业升级打造小镇特色品牌。

首先，提取现状优势产业。基地内部现状为塑料、五金、制衣等多种产业混杂，整体风貌较为陈旧。其中制衣厂为主要集中产业。

其次，植入创意产业，完善产业链。我们希望园区内部形成从人才培养研发到产品设计运营，再到客户体验、展销等的一条完整高端服装产业链。

最后，实现服装制衣产业全面转型升级，由单一产业转变为多元产业，完成产城融合的设计策略。

3.3.2　环境融合

环境融合——绿色基底实现小镇生态活力。

方案将融合龙山公园、小榄水道，现存涌道等环境条件进行规划设计，实现绿色基底与生态渗透。场地水系由小榄水道引入，沿沙口东路流经场地边缘，穿升平东路而出；将北面龙山公园湖水引入，与场地南部水系贯通，将其打造为中央水道；再以中央水道为主要生态轴，结合场地各个功能组团，完成景观系统规划。场地内部雨水通过植物生态净化、雨水花园设计、水系径流控制完成场地雨洪管理。

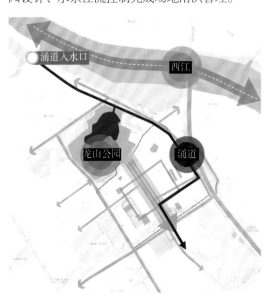

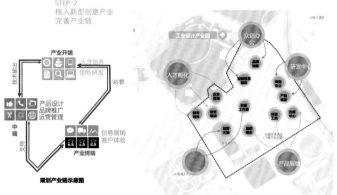

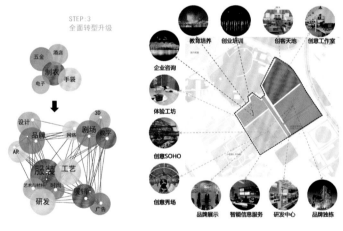

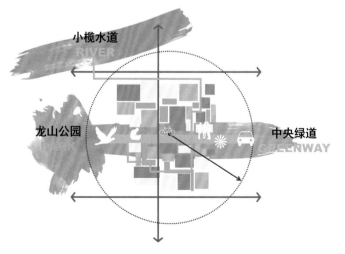

3.3.3　智创融合

智创融合——科技创新点亮小镇文化极点。

方案将融合智能服装产业项目，如AR虚拟试衣、网络定制成衣；智能裁剪、3D服装研发；全息投影、虚拟实境展示等技术，通过移动互联、物联网、云数据等进行智能输入。园区内部的WIFI覆盖再将园区的研发、体验等活动进行实时播报，通过终端用户进行智能输出，实现园区的智能化生活管理。

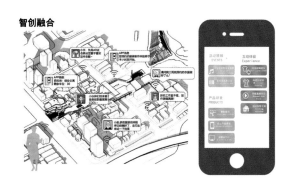

3.4　详细方案设计

3.4.1　方案结构

我们将园区所有要素进行集中考虑，通过景观规划、建筑拆保、功能布置、产业落点、配套服务等形成方案的空间体系。

从方案结构来看，可以分为这样三个部分：

（1）产业先行，共生融合

园区规划四大主要产业区域：众创办公、人才孵化、研发商务、创意SOHO。

（2）绿色水网，生态延伸

园区重新规划现有水系，布置生态开放空间。

（3）一轴五区，智创升级

中央水道主轴串联各功能区，形成基地景观序列。

最终形成方案平面，商住混合用地容积率约为2.78，商业用地容积率为约1.21。

在这里，我们有24小时活力水岸，2000m慢行步道，6400m² 屋顶绿化，2处创业服务点，5个众创聚落，2000户SOHO公寓，1所主题酒店，60000m² 研发中心，10000m² 商业配套服务。

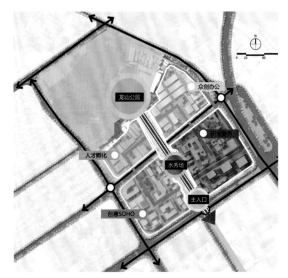

3.4.2　中央水道区

中央水道的打造充分考虑与北面龙山公园及周边地块的使用功能衔接。它承担着生态、商业、展销等的活动功能。我们以现代的手法划分多种功能空间，亲水活动沿河两岸，漫行步道贯穿其间，三大广场形成轴线序列。

站在中央水道的南端，一眼望去可以看到龙山公园和山上的腾龙阁，水道中央上架起的走廊框山成景，中央的水秀广场形成全园最主要的景观轴线。中央水道将形成24小时活力空间，提供休闲茶饮、餐饮聚会，亲水健身等活动场所。开阔的入口广场成为社交活动的聚集地。26000m² 魅力展示融入水上飘色、水幕电影、水秀T台、音乐喷泉、菊花展览等节假活动。中部的水秀广场将承担园区的主要室外展销活动，例如全息投影服装展示与T台走秀相结合，地面的LED感应灯光烘托绚烂的舞台效果。曾经的水上飘色活动也可以在这里进行全新的演绎。当龙山公园举办菊花展览时，水道两旁满铺菊花，与龙山公园遥相呼应。除此之外，雨水花

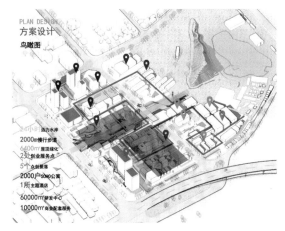

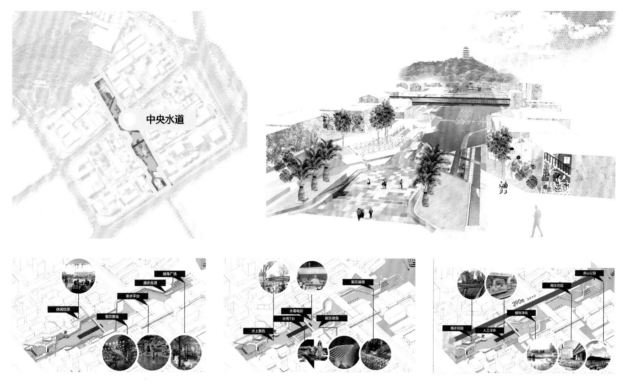

园、人工浮床、植物净化将打造 390m 的生态水岸。通过多种驳岸设计，为人们创造宜人的亲水空间。

3.4.3　众创办公区

该区结合保留厂房与传统水乡肌理，打造创意办公、艺术家工作坊、文创展销等功能空间，人们在这里工作、交流，也可以购物、游玩，背靠龙山公园，紧邻中央水道，传统涌道穿梭其间，形成了基地的活力集聚点。

在改造策略上，主要采取结构加固和立面改造，充分利用地上地下空间；局部拆除等手法来进行建筑优化。

3.4.4　人才孵化区

在保留部分低层厂房的基础上，结合创业培训与文创体验，联合打造集教育、商业、游览为一体的人才孵化街区。

3.4.5　创意 SOHO 区

SOHO 区采用商住一体模式，建筑风格现代、简洁。该区将提供相应的商街配套服务，并与室外展销平台在空间上互相渗透，为商务人士、企业高管、高新人才、研发人员、科技白领创造一个现代创意的居住办公环境。

3.4.6　研发商务区

在保留原有水匝和现状良好的建筑的基础上，建立服装研发中心，扩宽水匝两岸打造公共活动空间。

研发区聚集了各大企业研发中心，10 处低密度产研聚落有机疏散在水系周边，并配套小镇美食街、主题酒店与青年公寓，打造特色水乡涌道，营造安静优雅的空间。

保留建筑
拆除建筑
用地红线

结构加固　　群组连通

地下空间利用　切分细化

地上空间利用　顶层空间利用

道路优化　　视线引导

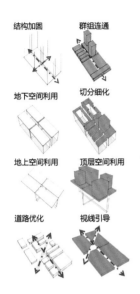

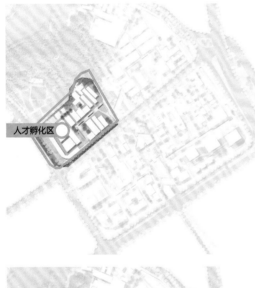

人才孵化区

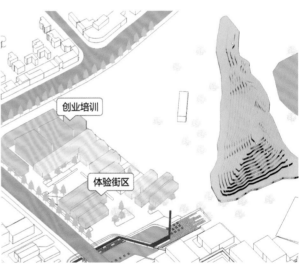

创业培训

体验街区

创意SOHO区

SOHO

商业水街

室外展销

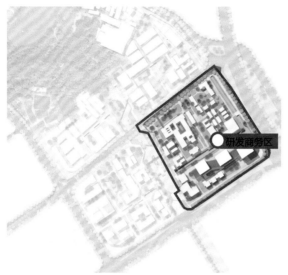

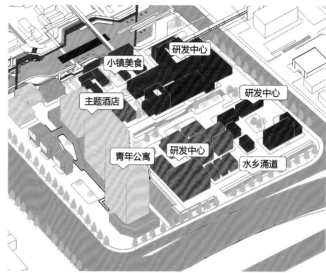

3.5 专家提问与点评

西南林业大学园林学院苏晓毅教授：重庆大学代表队以服装产业为特色小镇找到其定位是不错的，而且方案最后以情景表达方式来体现差异化，让设计与艺术结合起来，这种方式是非常好的。我有一个小问题：方案里提到容积率是2.7，这个容积率是如何考虑的？

重庆大学代表队队员周恒宇：我们的方案设计在项目地周边做了产业配套的建筑和设施，我们认为这个园区是需要这个居住量，而不是只有工坊和办公的区域，园区需要有保持活力的空间，所以我们考虑的一个点是希望园区能够留住人，让他们在这个地方居住、生活和工作。

同济大学刘滨谊教授：首先我非常喜欢这个方案，它是很富有朝气、很富有现代和未来意识的一个方案。但我有一个疑问，这样一个体量的方案，为什么一定要为中山小榄镇打造，而不是放在其他大城市上或一些闹市区呢？所以，在打造一个特色小镇时，在考虑让小镇保持生态和传统文化，并引入高科技产业的同时，更需要注意能否将容积率和建筑密度降低，但又可以同时让小镇保持活力，这也是风景园林人需要做的事情。

4 CHAPTER

南京农业大学：Creativity. Combine. Circle & Chrysanthemum Center

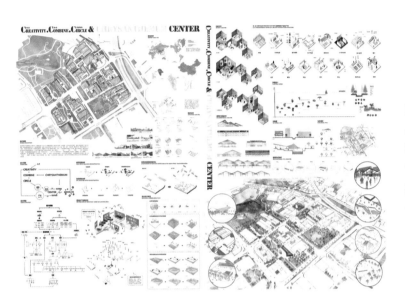

获得奖项：
规划设计组二等奖。

设计方案概述：
小榄特色小镇规划中提出"一带三区"的规划诉求，且本次设计场地——小榄核心区域位于"三区"之中的"创智升级引领区"，以此为设计依据，以"5C"为主题，提出"创意收集—产城融合—环状结构—菊花特色品牌—核心创智区域"的系列主题概念。

指导老师：张清海
副教授，硕士生导师，日本国立千叶大学博士研究生。南京农业大学园艺学院院长助理，风景园林系主任。

汪逸伦
景观小迷童，画图狗，南京农业大学"棕桐杯"邀请赛参赛队队长，最大的心愿是熬最少的夜，画更多的图。

孙乐萌
东北满族马背上的女子一枚，领略过西域风光的支教小门人一只。

吴易珉
来自南京农业大学，籍贯徽州，不貌美不有趣，反应神经迟缓。音乐的杂食主义者，兴趣爱好的素食主义者，目标是成为含羞草一样能屈能伸的人。

杨笑
南京农业大学研一学生，学了各种规划、设计、生态，似乎略有所懂，却又云里雾里，但也依旧试图探寻本专业的真谛。争取努力画图，多看文章，效仿大师，早日参道悟道，学有所成。

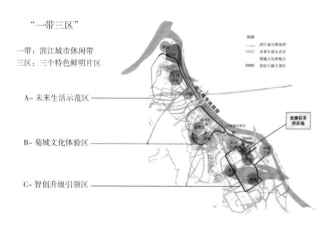

"一带三区"

一带：滨江城市休闲带
三区：三个特色鲜明片区

A- 未来生活示范区

B- 菊城文化体验区

C- 智创升级引领区

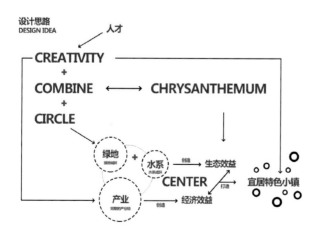

4.1 项目分析与设计策略

4.1.1 区位分析

小榄镇，隶属于广东省中山市，位于珠江三角洲的中南部，是中山北部工商业重镇，区域商贸中心，是广东省县级中心镇。小榄镇东临深圳、香港，南抵珠海、澳门，北向广州中心城区，西近江门、佛山等，占据了经济、交通、城市、人口等的枢纽位置。在对小榄进行区位分析中，我们对其优势进行以下总结：

- 小榄是珠江三角洲中南部的小镇，具有得天独厚的地域优势向内陆辐射其特色品牌。
- 小榄及周边区域目前处于商业、工业发达地段，具有良好的经济背景及产业基础。
- 小榄素有"中国菊花文化之乡"美誉，以小榄为核心形成了一定的菊花特色产业及文化符号，将有趋势发展成为华南地区独树一帜的特色品牌。

4.1.2 设计依据

在小榄特色小镇规划文本中提出"一带三区"的上位规划指导思想与原则，提出打造一条滨江城市休闲带，规划三个特色鲜明片区的设计理念，本次竞赛任务所在地位于小榄特色小镇的核心区域，且在三区中位于"创智升级引领区"，据此为设计依据，进行此次规划设计。

4.1.3 设计策略

在设计思路中，方案通过人才的引入，能收集更多的创意；将人才与创意投放入小榄本土的特色菊花品牌产业中，研发推广菊花品牌产品，实现产城融合；产业发展会带来经济效益，而设计者针对绿地及水系的设计手法将形成生态效益，通过产业—绿地—水系的可视化环状结构，将打造出经济效益与生态效益相结合，菊花品牌突出鲜明的小榄特色小镇核心区域。

通过城市修补与生态修复两点设计理念切入。以对城市的空间梳理进行城市破碎或拥堵空间的修补，通过增加绿地和引入河道两种手法来进行生态修复，其中引入生态智慧的创新设计手法。空间梳理和绿地、水系重塑能够激活场地，活化场地功能，结合小榄镇的地域文化特色——菊花文化，得以形成居住、商业、创意及展示功能结构。居住功能主体针对"专家""职员""创客"三大类人群设计出"Townhouse""Apartment"以及"LOFT"三种住宅模式。商业功能以"菊花"为文化品牌，进行一系列服饰、食品、文创及电子产品的研发。在本次产业规划中，创意收集和创业人才吸引是动力之源，将创意进行收集后，分析其可行性，进行筛选处理，推广向市场，进行产品营销策划和实施。最终，将创意的产品产业凝练成人文资源，结合生态智慧手法，进行系列展览展示、互动教育等。以上为总体设计策略。

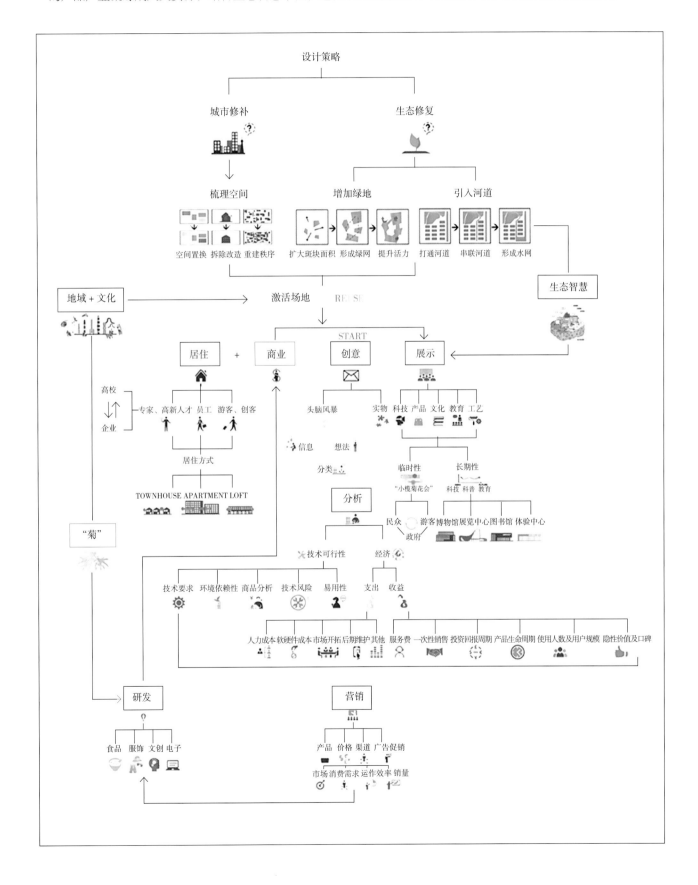

4.2 项目场地现状分析

4.2.1 项目背景

本项目位于小榄特色小镇核心区，毗邻龙山公园、滨河公园和小榄镇镇政府，交通便利，地理位置优越，也是特色小镇建设的引擎区域。

功能——位于中山市西北部城市组团中心，具有行政、生产、生活服务和旅游休闲等功能。

自然资源——由山、水等自然要素构成的具有岭南水乡特色的生态本底格局，具有以"水色匝"为特色的水乡风貌。

社会资源——以"新小榄人"的需求为核心，引导产业、文旅、城市的发展导向，挖掘榄商和菊城文化。关注旅游、城市空间、特色小镇塑造等。

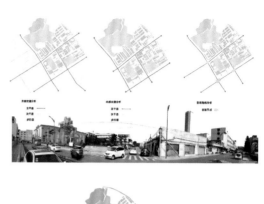

4.2.2 交通分析

乱流交通的表征——部分交通节点空间与导向的弱势。

竞赛任务所在地被两条城市主干道路包围，两条主干道穿梭其中，主体路网相对明确。二三级道路规划不明确，存在二级道路连通的缺乏以及行人游步道设计不足等问题。导致无明确交通节点，且交通导向性弱。

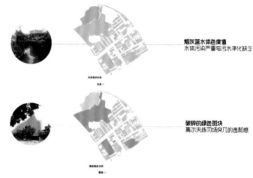

4.2.3 水体绿地分析

水体污染：东侧沿城市道路河道的水体污染严重，工厂排污管道设置于其中，缺乏净水装置。

绿地破碎：城市绿地系统中出现破碎的绿色斑块，各个绿地小节点不足以贯穿城市绿网，形成有机统一的绿地系统，其中以高尔夫练习场突兀的违和感为典例。

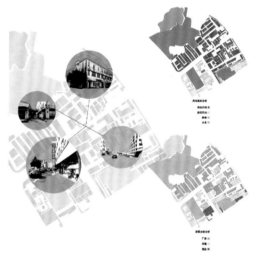

4.2.4 建筑分析

用地分析：在小榄特色小镇规划文本中，本次竞赛任务所在地的建筑用地分类主要有居住和商业两大类。目前地块的用地多为商铺、酒店、工厂（包括在使用及废弃两种）等，居住用地较少。

空间结构分析：建筑密度大，缺乏公共空间；建筑结构单一，功能混乱。

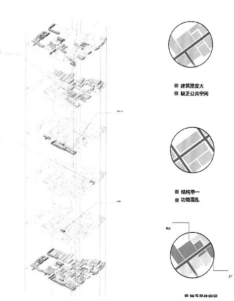

4.2.5 产业分析

目前小榄所拥有的产业包括五金、服饰、电器、包装、化

工等，产品种类丰富，产业基础良好，竞赛地块中的许多工厂依然保留其生产制造功能。以原有产业为基础，调整结构与生产模式，依据总体设计思路，围绕一个菊花品牌核心，通过创意收集—可行性分析—产品研发—市场营销—展示教育等一系列策略规划出产业发展脉络。

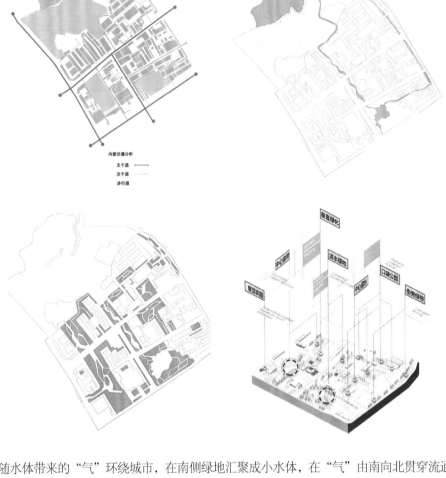

内部交通分析
主干道
次干道
步行道

4.3　规划设计

4.3.1　交通规划

通过交通路网合理有序地梳理，明确城市主干道、城市次干道和行人游步道的划分与沟通连接，明确道路分级，清晰交通导向性。

4.3.2　水系规划

将龙山公园北侧水系打通，引导入城市，全新的河道水系环绕穿梭城市，随水体带来的"气"环绕城市，在南侧绿地汇聚成小水体，在"气"由南向北贯穿流通后形成收官。使得整处地块北临龙山，环绕水系护城，最后"气"拥围城市，收在豁口处，构造出风水模式理念。

4.3.3　绿地规划

沟通连接破碎的绿地碎屑。通过中心绿带、垂直绿化、屋顶花园、口袋公园、街旁绿带等规模大小各异，形式功能多样的绿地塑造设计手法，将城市破碎的体系重新连接，整体形成较为完整的绿网体系。

种植多用榕树、香樟、大王椰子、棕榈等有本土特色的乡土树种。

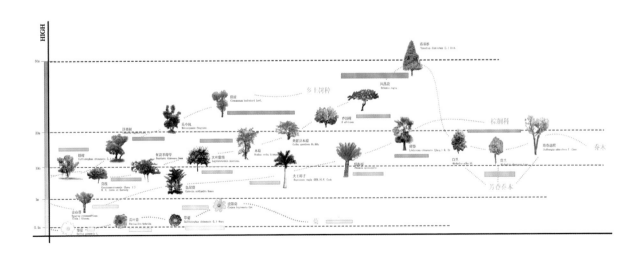

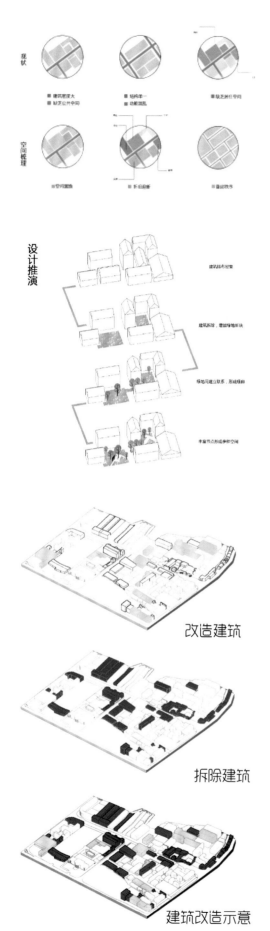

设计推演

改造建筑

拆除建筑

建筑改造示意

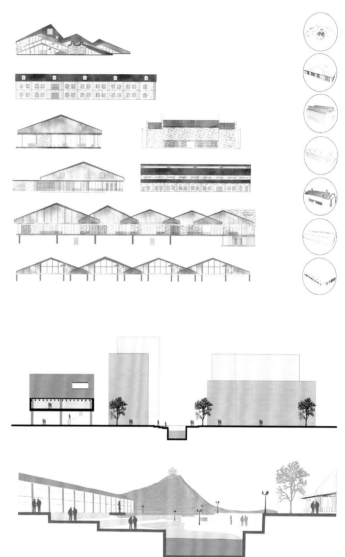

4.3.4 建筑规划

以"空间置换""折旧换新""重建秩序"三种方式重新规划梳理建筑空间。将密度过大的建筑群打通，以交通网为基础，梳理建筑肌理走向，建筑的拆除及改建为绿地让步空间，完善了绿地系统。拆除破旧的、位于景观节点的建筑，改造具有特色功能及意义的建筑。

我们设计出七种建筑外立面供参考。

4.3.5 产业规划

本次竞赛设计中，我们以产业为设计核心对象，力求规划出完整合理的产业结构，推演出最优产业模式，结合设计主题与理念，全心投入打造出一份规划源于生活、设计高于生活的设计方案。

1. 理念解读

设计理念Creativity.Combine.Circle & Chrysanthemum Center是以"5C"为主题，提出"创意收集—产城融合—环状结构—菊花特色品牌—核心创智区域"的整体主题概念。以人才引进

创意　　融合　　环状结构

以"菊花"及周边为主营产品产业的特色小镇核心地区

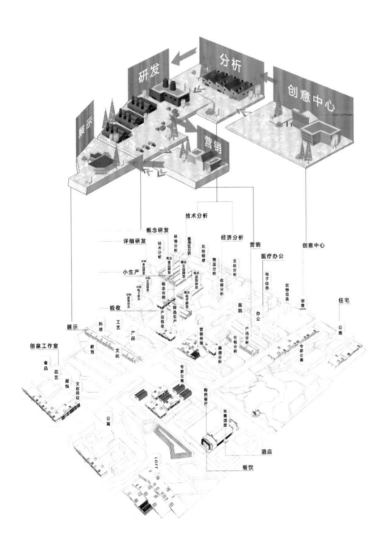

收集创意，创意发展成城市产业，产业源于城市资源又服务于城市空间和人群，彼此环环相扣，围绕一个"菊花"品牌特色推动多元化产业产品诞生延续，集经济、智慧、人文和生态于一体，打造创智升级区的核心地块。

2. 产业模式—产业环

产业环解读：创意收集中心—可行性分析—产品产业研发—产品产业营销—工艺文化展示。

产业模式详解：

- 将两类信息—"电子信息／实物信息"投入"创意SOHO"进行收集整理。
- 对技术可行性和经济可行性进行分析。技术分析包括易用性分析、环境分析、竞品分析、风险规避等。经济可行性分析包括支出分析和收益分析。
- 产品研发分为"概念研发""详细工艺研发""样品生产"三个部分。结合小榄原有产业，制定出以研发服饰、电子、食品、文创四类产业为主的产业类型。
- 营销主要包括产品分析、价格分析、市场渠道分析、营销传媒四类营销步骤。
- 展示环节以展示工艺—产品—科技—文化—教育互动为脉络推进展开。

3. 产城融合

基本产业模式规划后，我们针对产品进行一系列合理推演的规划设计，包括种植产物、印刷包装产品、服装服饰、电子电器、食品、LED新光源、花艺、雕刻、纸品、花灯、茶品、旅游礼品、刺绣等。

结合产品产业，进而改变城市面貌，促进城市经济与生态效益，同时改善人们的生活方式。包括：居住（屋顶花园）、运动健身、儿童游乐、遛狗等生活方式；分析、创意设计、研发样品、生产＋验收、传媒营销技术展示等办公方式；科普科技（AR+VR）购物、酒店、餐饮、文创、医院、戏水赏景等文化娱乐方式。人们一系列行为方式的改变便是产城融合的印证。

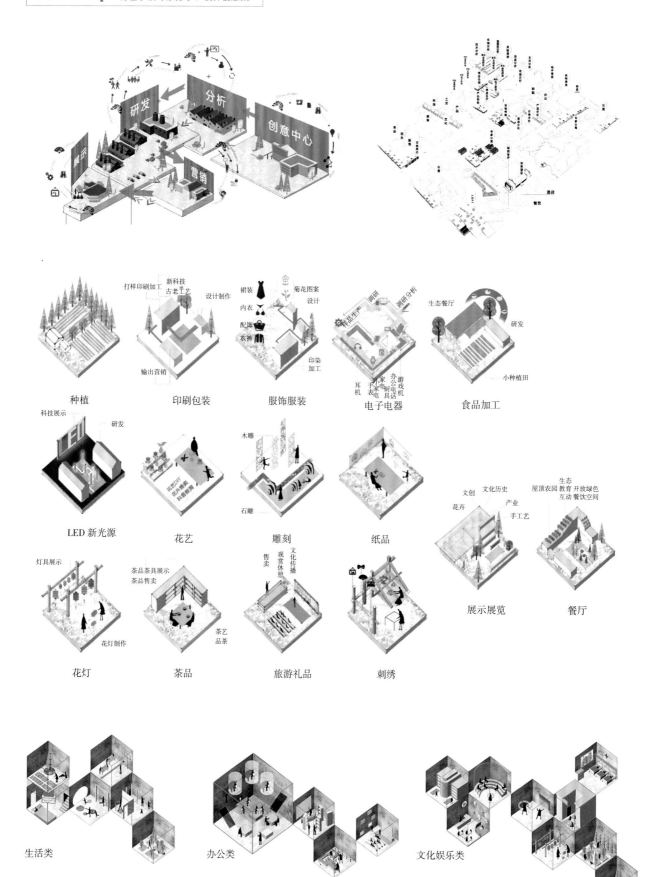

种植

印刷包装

服饰服装

电子电器

食品加工

LED 新光源

花艺

雕刻

纸品

展示展览

餐厅

花灯

茶品

旅游礼品

刺绣

生活类

办公类

文化娱乐类

4.3.6　生态规划

水系：本次水系的生态重塑是通过降水汇集与蓄水整理，形成水域；而后开凿河道，引成河流与水渠，以码头、步道、桥三种构造反映人在水系中的行为模式，以管道铺装等硬质建材打造阶梯、建造建筑等。

绿地：绿地重塑需建好地下工程，处理好地下防护层与地下排水层。在地上堆成微地形，外围隔离圈带以隔离污染，对地形重塑后进行整理。种植绿化，构造水体，放置设备生产沼气及可再利用的清洁能源，以恢复土壤播种能力，最后达到绿地生态系统恢复。

水系重塑和绿地重塑都是生态系统的部分重塑，能带动整个城市的生态效益。

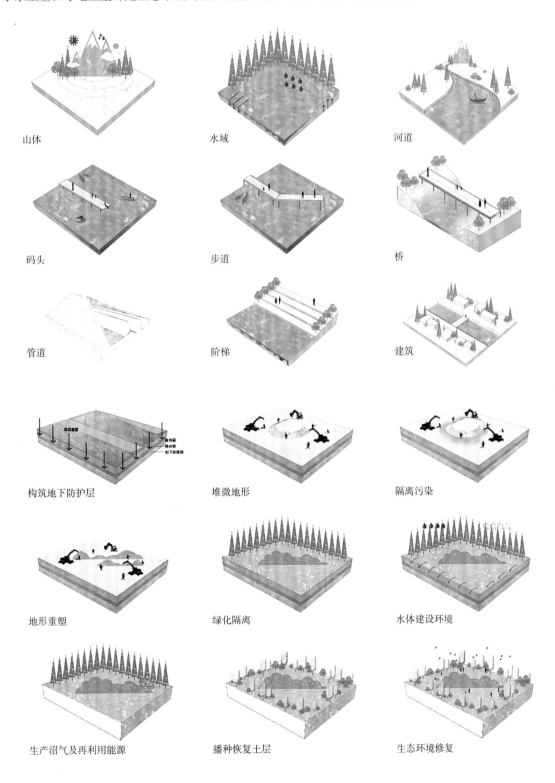

山体　　　　　　　　　　　水域　　　　　　　　　　　河道

码头　　　　　　　　　　　步道　　　　　　　　　　　桥

管道　　　　　　　　　　　阶梯　　　　　　　　　　　建筑

构筑地下防护层　　　　　　堆微地形　　　　　　　　　隔离污染

地形重塑　　　　　　　　　绿化隔离　　　　　　　　　水体建设环境

生产沼气及再利用能源　　　播种恢复土层　　　　　　　生态环境修复

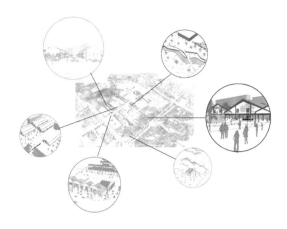

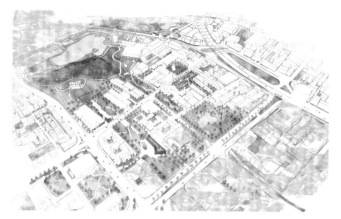

4.4 设计反思

本次竞赛我们不以本地的种植及生态作为主题特色，另辟蹊径，寻求产业规划的特色突破，以小榄的"菊花"品牌为核心，设计推演出一系列产业环状发展模式与体系，并注重经济效益与生态效益相结合，产业与城市相融合的设计理念完成本次竞赛作品。

此次竞赛是全新的挑战与尝试，对于产业模式的合理性与发展性还有待进一步讨论探究，对该产业模式下，城市所能创造的经济效益和生态效益将产生怎样的变化趋势也将有待进一步建立数据模型加以分析研究。此外，还有诸多设计的细节与不足之处，我们也将继续归纳思考，未来将继续不断深入探索本次设计主题。

4.5 专家提问与点评

同济大学风景园林学科专业学术委员会主任刘滨谊：你们这个方案我还是很喜欢的，主要是喜欢你们的精神。作为风景园林专业的团队，从方案中可以看出你们围绕着产业动了脑筋，而且就定位于小榄镇最出名的菊花，我觉得这种以产业为主要导向的想法和做法是值得提倡的。

广东省城乡规划设计研究院院长丘衍庆：虽然我们单位是主办单位之一，但其实我之前还没弄清楚中山小榄的智菊小镇与特色小镇的关系是怎么样的。住建部命名的特色小镇是以小城镇建筑为特色的，但是发改委认定的小镇并非是实际上的行政区域，是一个行政区内的一个区域，现在我们的地块和发改委认定的智菊小镇的区域是什么样的关系？所以，我们的产业定位是代表小榄镇的一个产业引擎，还是特色小镇里的一个起步区的产业爆破点，这个我之前一直没弄明白。现在通过你们的方案，了解到这个竞赛地块原来是特色小镇的一个起步区域，菊花也是代表该区域的特色产业。

5 CHAPTER

香港高等教育科技学院：芯

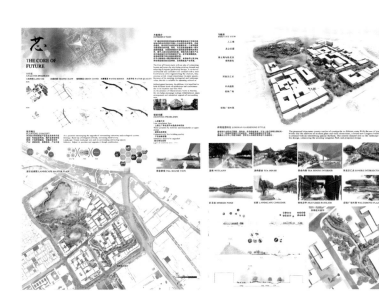

获得奖项：

规划设计组二等奖、最佳生态理念奖作品。

设计方案概述：

本案围绕一个"芯"字，有芯片之意，指代小榄镇7大产业之一的电子科技，"艹"代表自然；"心"就是人，代表社会，团队希望本区成为小榄镇的核心，带动小榄的发展甚至带动中山市的发展。方案旨在提升当地产业竞争力，设计出自然和社会能够很好地结合的特色小镇。

指导老师：史舒琳

博士，香港高等教育科技学院（THEI）环境及设计学院特任导师。

研究方向：疗愈景观规划设计，适老景观设计，促进积极生活方式的城市和景观策略，中国传统园林设计与理论。

吴冠平

香港高等教育科技学院（THEI）园境建筑本科生。

郑晓荷

香港高等教育科技学院（THEI）园境建筑本科生。喜欢摄影，闲时爱在城中巷弄穿梭拍照。相信没有什么比图像更直率、更接近事实的沟通工具。

翁梓贤

香港高等教育科技学院（THEI）园境建筑本科生。擅长于音乐艺术，喜欢听歌和画画，有空的话会吹奏长笛，特别喜欢旅游，感受不同地方的气氛。

温芷欣

香港高等教育科技学院（THEI）园境建筑本科生。喜欢旅游，享受音乐。兴趣为阅读、写作和书法，擅长绘画。

林汉庭

香港高等教育科技学院（THEI）园境建筑本科生。喜欢油画、旅行。

5.1 项目分析

5.1.1 省内交通

项目地位于珠三角内，交通发达，目前即将竣工的工程有佛江高速、广中江高速、中江高速、中开高速小榄支线，交通接驳路线有深茂铁路、港珠澳大桥、深中通道等。

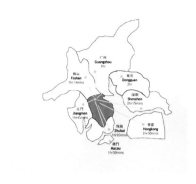

5.1.2 场地内交通产业

本次竞赛场地在中山市小榄镇，场地交通流量低，有相关主要通道围绕场地，其中沙口大桥在场地东南方，并以交叉路口为核心。团队有感于项目与香港的距离很近，希望通过这个方案，可以把更多的珠三角人才引进来。

5.1.3 周边配套

项目靠近小榄市政府，有获知政策信息的便利。另外，周边的龙山公园和河滨公园可以形成很好的生态廊道，还有厂房、住宅、商店等一系列的配套。

5.1.4 产业与水质

原有电子电器、五金制品、锁具生产、内衣制造、食品饮品、化工胶粘、LED光源等7套产业，再保留一些在活化中的文创产业。

项目在工厂区域，水质受到污染。污染源头包括工厂污染和生活污染。

5.1.5 SWOT分析

·场地毗邻镇政府
·沙口大桥出口
·区内配套丰富
·自然水道

·场地人流量不足
·水道水质较差
·建筑品质较低
·产业亟需更新
·缺少公共空间

优势（S）　劣势（W）

机遇（O）　挑战（T）

·多条高速干线将竣工
·粤港澳大湾区规划
·人才流动增强
·产业升级浪潮
·菊城文化

·上游工厂污染水体
·附近路口较为拥堵
·交通造成空气污染

5.2 规划概念

5.2.1 总体

以生态为中心，结合产业和景观，构建属于这里的生态网络。

5.2.2 生态

通过疏通水道系统，净化水质。在雨洪控制方面，做季节性湿地。再串联龙山生态斑块，以生态廊道及斑块组合方式创建生态网络，全面打造本区生态链，提升生物多样性。

5.2.3 景观

打造景观轴线，创造交往空间。在紧密的建筑群中，利用建筑间不同的空隙创造出或公共或私人的空间节奏感，并在空间中增加一些亭、廊等景观小品元素。促进组团内交流，提供适当的私密性。

5.2.4 产业

团队在设计时，联想到香港在20世纪七八十年代轻工业从维多利亚港转移到内地时，大家都在谈论创新工业。目前，小榄也存在工业过剩的情况。基于这种产业过剩的大环境，通过调整定位，商展结合，让产业升级。利用文创孵化基地，创办智创产业园，并将现有产业升级，然后建立会展中心和商务服务区，再增设一些辅助商业。

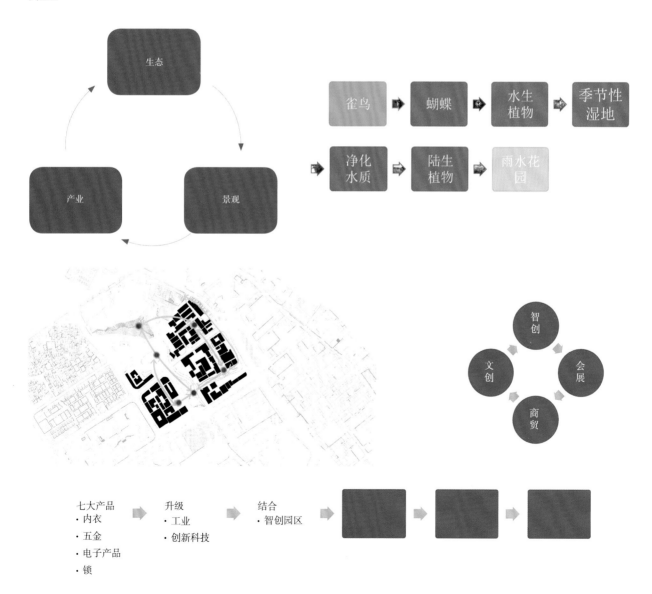

新旧建筑占比
PROPORTION OF EXISTING AND
NEW BUILDINGS

用地 / 使用用地
PROPOSED LANDUSE

5.3 总体规划

通过两个公园把此处营造成连通的生态空间,后期再引入更多物种。

5.3.1 新旧建筑

拆除临时、危旧的建筑,新建16~35m高中低层建筑,升级岭南传统建筑风格,如青砖加玻璃、增加钢结构。

5.3.2 产业

调整定位,商展结合,在保留现有的文创孵化基地和智创产业园的基础上,将用地分区,产业升级后增加会展中心、商业服务区和生活服务区。

5.3.3 景观

利用水网打造各式亲水空间,借鉴传统园林造景中的借景、对景等手法,在藏与露中造景,突出季相变化,创造空间结构,让游人体验步移景异的空间序列。

（1）倚风台

在中间长廊的廊道上设置一些小亭子。

（2）清韵茶舍

可以结合当地的文创产业。

（3）卧龙泊

上面建腾龙阁,周边有菊花打造的花海元素,诉说着一片乡愁,希望可以营造一个美丽的龙山倒影。

5.3.4 生态

通过串联龙山生态板块、廊道,创建生态网络。然后利用水生植物,构建水道系统净化水质。

在雨洪控制方面,建立如雨水花园的弹性景观,并选择恰当的路面物料。图中是一个小湿地,在地形上有坡度以实现雨洪控制。

在景观方面,团队不但考虑植物景观,而且在关注人的体验的同时,为蝴蝶、蜻蜓、蜜蜂等昆虫类,攀禽、鸣禽、涉禽、游禽、走禽等鸟类,两栖类,哺乳类等各种动物设计了不同的栖息空间,彻底打造了小榄镇的生态环境。

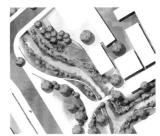

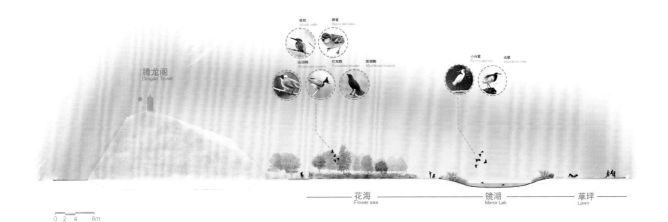

腾龙阁
Dragon Tower

花海　　镜湖　　草坪
Flower sea　Mirror Lak　Lawn

0　2　4　8m

5.4　专家提问与点评

北京林业大学副校长李雄： 对于这个方案，我想谈谈自己的两点感受。第一点，方案在考虑绿色空间时，不单单考虑植物景观，同时关注景观下的人和动物等元素，这是一个整体的概念，所以非常好。第二点，在这个方案里，对景观的命名最有特色。在中国风景园林的传统文化里讲究"景面文心"，通过景观表达文化，你们这个方案做到了这点。

香港高等教育科技学院参赛代表温芷欣： 我们的设计来源于自己在香港特别行政区所遇的情况。当初接到小榄镇设计项目场地时，就回想到香港在20世纪七八十年代轻工业从维多利亚港转移到内地时，大家都在谈创新工业。现在小榄镇的情况跟当时差不多，出现重工业过剩的情况。当时香港出现这个情况时，虽然一直很努力，但是转型没有达到很成功的地步，这其中包含热情不够的因素。在我们来到小榄镇时，发现附近的商场、社区，还有龙山公园的工业园，已经融入了一些创新的工艺和建筑，让我们感受到了小榄人非常充足的热情。所以我们希望通过这个设计方案，从当地的居民生活出发，带动产业升级。同时希望可以通过这个场地，能够将香港或者周边的人才引入到小榄镇。

6 CHAPTER

北京林业大学：萌发的小榄镇——小榄镇核心区创意产业园规划设计

获得奖项：

规划设计组三等奖、最佳乡土建筑奖作品。

设计方案概述：

通过对人文基底的挖掘和现状调研的一些结果，提出具有人文特色的各种策略。最后形成以智创之脊为引领，带动智慧生活、智慧休闲、智创工坊以及创客之家，构成五大核心块。做到功能和绿地交融，让不同的人群混合，使本区的活力一直持续。

指导老师：李运远

北京林业大学园林学院副教授，硕士生导师。北京林业大学风景园林设计研究院常务副院长、中国林业工程建设协会风景园林专业委员会副主任、中国林学会森林公园分会副秘书长、教育部专家库成员。主要从事风景园林规划设计与工程技术研究工作。主持纵向与横向数十个课题及实践项目，在国家核心期刊发表学术论文20余篇。

陈泓宇

来自福建宁德，风景园林专业硕士一年级。

钟姝

来自黑龙江齐齐哈尔，风景园林专业硕士一年级。

梁淑榆

来自广东东莞，风景园林专业硕士一年级。

陈宇

来自吉林松原，风景园林专业硕士一年级。

6.1　设计背景

6.1.1　项目区位及优势

　　项目地位于小榄镇七横七纵的交通网络中，紧邻105国道，交通非常便捷。

6.1.2　上位规划解读

　　项目作为珠三角腹地有非常明显的区位优势，便捷的交通与相邻各区紧密联系，距离广州70km，距离深圳150km，距离珠海90km，极利于高端人才和智创产业的聚集。

6.2　方案设计概念

6.2.1　概念生成

　　调整现有工业用地进行功能置换或迁出，南部形成智慧产业聚集，居住和工业相对分离。通过创新、人才、展示、商贸、服务等平台的构建打造智慧服务核心。

　　在空间层面上，本区紧邻多个城市交通节点，可以作为一个城市的客厅，不仅是小榄镇对外的门户，而且是区域创新产业示范的对外门户。

　　在景观层面上，依托龙山的自然山水景观，以及新旧水道，通过延山引水，打造山水走廊。

　　在功能层面上，可以让智慧聚集，发挥重要信息交流作用，引领区域产业发展，起到产业灯塔的作用。

　　这就要求它必须具备新技术新理念的示范平台打造科技高新的功能特色，蓝绿渗透交织的生态走廊形成宜人生态

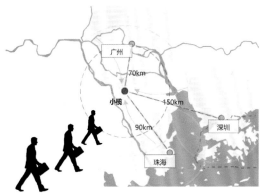

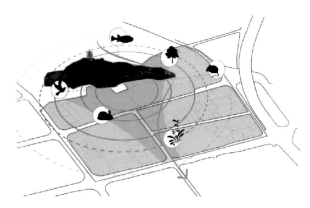

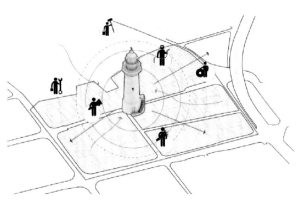

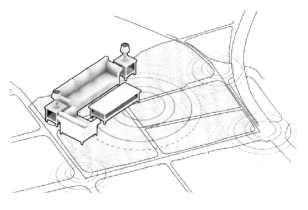

　　的景观特征和信息交流互动的中转枢纽产生共享便捷的人文特性。形成依托自然山水景观的高精尖产业和人才集聚区。

　　说起智创，会提到两个核心板块，首先是产业。本区的传统制造业，通过互联网，结合线上和线下体验活动，逐步发展成一个高端的、面向大众的定制业。从而扩展这里的影响力，从而带动教育、旅游、传媒、餐饮等行业的发展，特别是教育能带动小榄能源产业的升级，从外来能源输入变成自我培养和对外输出，以小榄为点向全国扩散。

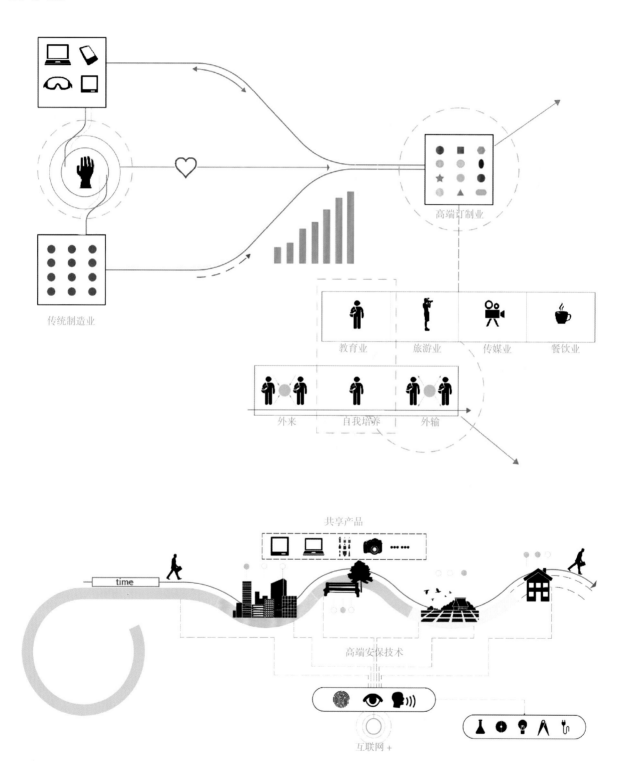

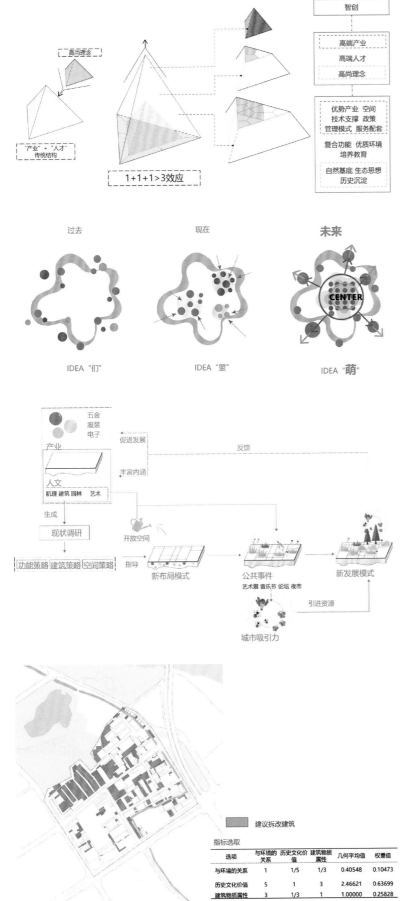

过去　　　　　现在　　　　　未来

IDEA "们"　　　IDEA "盟"　　　IDEA "萌"

智创的第二个核心板块，是人才。更优美的环境、更生态舒适的空间、更便捷的共享生活模式，都是支撑人才留下来的重要层面。

团队思考了这样一个问题，对于传统产业加上人才，小榄作为一个示范产业区还需要什么？

通过线下挖掘，来寻找新的支撑点。本案大的区域背景是作为广东地区的一个改革先锋、工业的先行、思想先进的代表，小榄从桑基鱼塘传统的农业，转变为工业制造，最后希望成为IDEA生产的经济模式转变。

所以，从整个智创的结构来看，团队提出不仅仅需要高端的产业、高水平的人才的到来，还需要高尚理念的注入。所谓高尚的理念，首先要有自然的基底，小榄已经具备了良好的山水优势，然后要有生态的思想和历史的沉淀，这需要浓厚的人文特征。让原来产业＋人才的模式，变成产业＋人才＋理念的新模式，让本案的基底更大、高度更高。

这种金字塔的结构，我们能看到智创的范围就是它破土而入的部分，破入越多，我们能感受到其辐射和影响就越大。所以，它更像是一个种子，突出的部分是我们看到的，在看不见的背后，有着深厚的底蕴，是埋藏在表层土壤之下、隐藏着深层土壤之中，所以我们要对它进行挖掘。

对此，团队提出"萌"的概念，从原来过去式分散的"们"，到现在联"盟"集合式的结构以及未来展望的发芽式的、发散式的，团队称为团结的、有生命的、可生长的"萌"的概念。

6.2.2　概念表达

那么，团队是如何表达他们"萌"这个概念呢？他们选择了小榄的优势产业和人文基底，通过对人文基底的挖掘和现状调研的一些结果，提出具有人文特色的功能策略、建筑策略和空间策略。结合这里开放空间的打造，形成新的布局模式，为公共事件提供

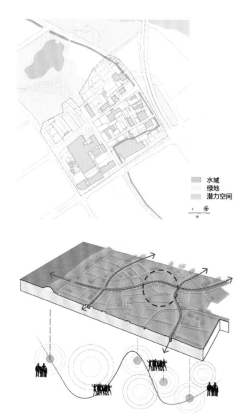

水域
绿地
潜力空间

可能。而公共事件又能带来外在影响力和内部产业交流，形成新的发展模式，然后再反馈回本区的人文和产业的背景。

6.2.3   现状分析

要研究深层土壤，就要挖开表层土壤，这就要对现状进行分析。目前，土地以工业厂房和少量商住用地为主，多低矮层建筑。团队基于GIS加权叠加的建筑评价，从环境关系、历史文化、价值和物质属性，试图探究出一些存在科学指导性的改造意见。但是，又不希望这个意见带有强制性，所以只是提出一个建议拆改的范围。

通过对现有建筑围合的空间的院落研究，发现一些可以发展的空间，并且试图建立它们之间的联系。

6.2.4   策略生成

通过深层次地探究土壤和人文基底后，发现岭南桑基鱼塘的传统生产模式与聚落布置紧密相关，向水而生，生产即是景观。

广东地区传统建筑形式多样，特别是骑楼建筑风格多样，建筑组合形式多样，为团队的策略提供了很多指引。而且，这种多样性体现了广东地区思想先进、创新包容的态度。

6.3   方案设计成果

6.3.1   结构生成

团队想把这种思想延续下来，而岭南传统园林对本区空间梳理起到一定的指导作用，其以梳理庭院空间见长，为庭院空间的疏导和现有厂房内容大空间小空间主次的处理建立序列，建筑庭院空间相互渗透。

所以，团队以山水为引导趋势，叠加上向水而生的传统聚落模式，通过对建筑的潜在空间和庭院组合的梳理，最后叠加上城市的空间轴，形成了以下规划结构。

6.3.2   规划成果

中心核心区综合体建筑的"L"形和龙山山体相呼应，是平面图

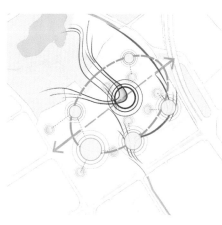

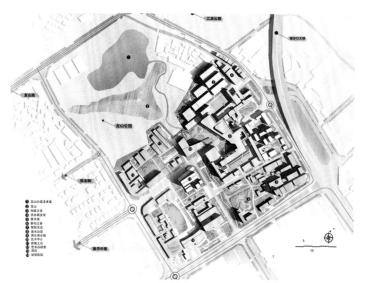

对上述结构的响应。中间一系列的开发空间，通过院落的组合，集合了包括西南部分的商业组团、创意组团、居住组团和一些丰富的滨水组团。在轴线上，打造一条菊花景观花带指引向龙山。

6.4　方案设计解析

6.4.1　规划解读

在道路方面，规划交通体系不设地面停车场，以后会有更多的共享汽车，新建建筑设地下停车场。通过慢行系统的打造，投入更多的共享单车，形成园内开放空间体系。

最后形成以智创之脊为引领，带动智慧生活、智慧休闲、智创工坊以及创客之家，构成五大核心块。做到功能和绿地交融，让不同的人群混合，使本区的活力一直持续。

（1）分区1——智创之脊

核心功能区，以商务用地为主，通过一个建筑综合体，布置有信息云平台，会议，企业孵化等功能。建筑形态延山引水，自然的高点与技术的高点相连接，成为自然—智创的山脊。

图中是规划新建的商业综合体，是通过屋顶的连接和立面的改造在原有建筑基础上进行融合，四周的旧建筑保留，只做立面的改造。通过在老街道中加入新建筑展现一种萌发的力量，在立面和水体布置上吸取了传统三基鱼塘的一些基底内涵，融进了一些传统元素。

（2）分区2——智慧生活

居住区，充分尊重居民原有的居住记忆，通过构筑物改造、交通梳理，重塑该区域景观，结合优势锁业，打造智能化家庭安保系统，成为具有人文沉淀的、智慧的生活区域。

尊重居民原有居住记忆，注入乡愁情结，通过建筑物的立面改造、底层空间改造，改善采光条件，提升街巷空间活力。

（3）分区3——智慧休闲

依托现有餐饮业规划改造的高端休闲区域，面向全镇，结合小榄优势LED灯产业、音响制造业，打造活力绿色户外空间。高端智能锁设备与海绵城市相结合，打造生态智慧型休闲区。

（4）分区4——智创工坊

针对转型后，大众订制业的个性化需求，对原有工业厂房进行空间肌理保留，局部改造，通过框架、墙、柱等建筑结构形成展示展览空间，融入工业体验、艺术创作功能，形成面向大众的创意工坊。

机动车道
人行

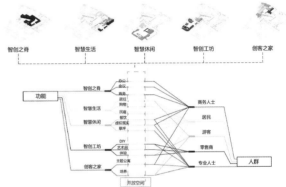

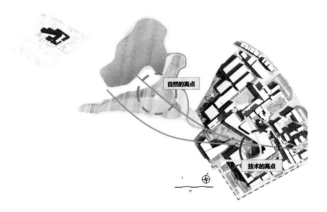

自然的高点
技术的高点

（5）分区5——创客之家

针对产业转型后，对创造性人才的需求。依托龙山自然景观打造的生态宜居组团，鼓励艺术家、设计师等高端人才入住，利用先用工厂车间改造为"IDEA车间"。配套有教学设施，实现从人才输入到自我培养，到最后可以人才外输的过程。

6.4.2　未来愿景

愿智创携手小榄的未来，打造出永续生长的智创新城镇、永续发展的产业新经济、永续更新的绿色新空间、永续留存的高尚新自然。

6.5　专家提问与点评

广东省城乡规划设计研究院院长丘衍庆：这个方案较多考虑的是基地跟龙山的关系，请问对于周边地块的联系你们是如何考虑的？

北京林业大学代表队队员陈泓宇：我们方案做了一个商业组团规划，这个规划更多是面向整个城镇，以大面积的居民生活区和商业区为主，在整个商业组团中，与周边地块结合建设多个商业区和开放休闲区，并一直建设到绿化带边缘。这个就是我们方案队周边地块的一些考虑。

类型	面积(hm²)	所占比率（%）
建筑	6.33	29.33
道路与广场	4.37	20.22
绿地	10.16	47.06
水面	0.73	3.39
总面积(hm²)	21.59	100.00

规划场地总面积21.59 hm²，其中绿地占地面积为10.16 hm²，绿地率为47.06%。

同济大学风景园林学科专业学术委员会主任刘滨谊：这个挺不容易的啊，我们农业的学生们已经在做城市的规划和城市的设计了。那么方案里面就有一个如何接地气的问题，我这个问题要从两方面去讲。第一，你觉得这个设计和大城市的那些设计，它的区别在哪啊；第二，做这个有没有数据？最后有没有一张数据平衡表，你们做了这么多建筑改造，中间的这些建筑有没有细到空间指标？

北京林业大学参赛代表陈泓宇：确实有一些具体数据缺失的问题，现在的开发强度和体现的数据确实是我们的疏忽。对于大城市的那种街区改造有什么差别的问题，我们的想法是对这块地更多的是一种轻便的态度去做设计，现在大城市的街区改造我觉得相对比较多种多样，比较激进，我们考虑的是在保留原来肌理的基础上进行项目改造。

南京林业大学：一水揽幽山，居然城市间

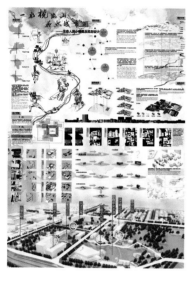
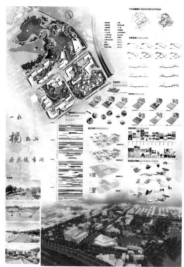

获得奖项：

规划设计三等奖。

设计方案概述：

E（扩展）：扩大龙山公园的绿地景观格局，连通以龙湖和中央水道为主的完整城市水系，从而形成以龙山为视觉焦点的景观视线通廊。

P（拾取）：拾取工业遗址记忆，通过建筑改造，营造特色创意展示空间。

I（引入）：引入高端社区营造，建造小榄镇五星级酒店及接待中心、顶级景观享受别墅区和文化艺术中心。

指导老师：王浩

教授，博士生导师，现任南京林业大学校长、党委副书记。建设部风景园林专家、国家湿地科学技术专家、国务院学位委员会风景园林硕士专业学位指导委员会委员、中国风景园林教育专业委员会委员。

李晨颖

风景园林研一。来自于风景园林规划与设计方向。

高瑜凡

风景园林研一。来自于景观建筑设计方向。

郎碧峥

风景园林研一。来自于资源与遗产保护方向。

唐雅馨

风景园林研一。来自于园林工程与技术方向。

7.1　基地分析

7.1.1　小榄镇现状分析

小榄镇现状基地水系背面有较大的景观水系——龙湖，整体小榄镇水系网络分散，没有大面积的水域网络格局，河流主要以支流为主。

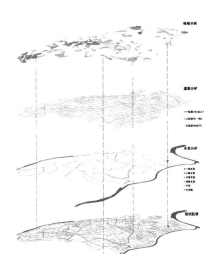

7.1.2　小榄镇资源整合

对于小榄镇资源整合做了三部分，包括自然资源、文化保护和历史遗存。

7.1.3　基地发展困境

基于以上的资源以及基地现状，总结出现状基地的发展困境。

（1）临湖不见湖

我们在基地调研时，龙湖虽然占据了比较多的区域，但是却不容易被看到完整的湖景。后来经过分析，湖的北面有较多的工业建筑遮挡了景观，导致在场地中不容易看到龙湖的景色。

（2）景多景不连

在基地中其实有很多景观资源，但是景观之间却没有连续性和关联性。

（3）拥绿绿不显

在调研中，发现小榄镇的城市公园中离基地最近的5个公园中，无论是公园风貌还是公园定位都是很好的，但是却没有借景进入到基地内部。原因就是这些绿景被大量的工业建筑包围，且基地内绿化面积比较少。

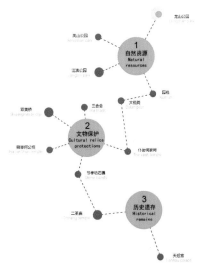

（4）文丰文未名

小榄在整体的历史脉络上是属于比较悠久的城镇，它的历史文化资源也有很多，但知名度不高，没有成为小榄镇的城市名片。

7.2　总体设计

基于以上的基地概况，我们遵循小榄镇的总体规划和顶层设计，提出了"一水榄幽山，居然城市间"生态人居特色小镇概念设计。

7.2.1　EPI规划策略

E（扩展）：通过扩大龙山公园的绿地景观格局，连通以龙湖和中央水道为主的完整城市水系，从而形成以龙山为视觉焦点的景观视线通廊。

P（拾取）：拾取工业遗址记忆，通过建筑改造，营造特色创意展示空间。配套服务功能完善的人才公寓和创客中心，吸引多方文化创客入驻。

I（引入）：引入高端社区营造，建造小榄镇五星级酒店及接待中心、顶级景观享受别墅区和文化艺术中心，提升整个场地的商业价值。

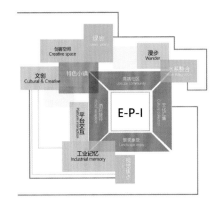

7.2.2　规划结构

"一城、一水、三轴、四面、五区、七点"。

- 一城指的是小榄镇。
- 一水就是扩大龙湖后的整体水系网络。
- 三轴即空间轴、时间轴以及文化轴。
- 四面即四个植物景观面（丛菊对佳客、户户皆春色、开尽岭南花、山岫当街翠）。
- 五区即文旅酒店片区、文化博览片区、山景别墅区、人才孵化区、创意园片区等5大功能分区。
- 七点即围绕龙山景区而布置的7个景点。

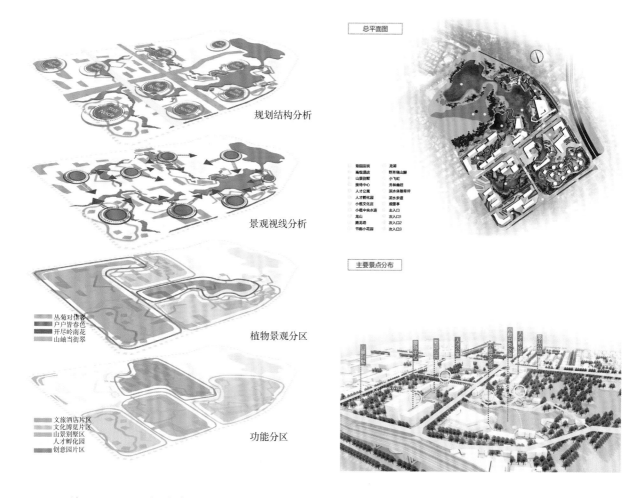

规划结构分析

景观视线分析

从菊对佳客
户户皆春色
开尽岭南花
山岫当街翠

植物景观分区

文旅酒店片区
文化博览片区
山景别墅区
人才孵化园
创意园片区

功能分区

总平面图

菊园迎宾　　龙湖
高级酒店　　野芳烟山脚
山景别墅　　小飞虹
接待中心　　芳林幽径
人才公寓　　滨水体憩草坪
人才孵化园　流水步道
小榄文化京　　观景亭
小榄中央水道　主入口
龙山　　　　次入口1
潮龙塔　　　次入口2
书画小花园　　次入口3

主要景点分布

7.2.3　总平面及景点分布

7.3　专项设计

7.3.1　水系及中央水道设计

因为我们是将龙湖和中央水道一起打造的环形水系网络格局，最终将汇入小榄镇水道。

在调研时，发现原来小榄镇的水系网络比较分散，缺乏大面积的水域。在这个现状基础下，通过开凿、延伸、连接、柔化、串联、分割，最终整合成一个围绕龙山的水系系统。

围绕水打造一个生态型的驳岸，其中选择了三种驳岸类型：湿生植物驳岸、自然块石驳岸和缓坡泥潭驳岸。这三种驳岸，可以更好地吸引动物和鸟类，以养成很好的水生境。

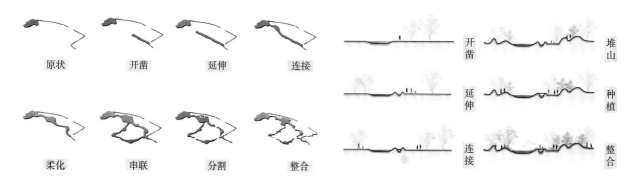

原状　　开凿　　延伸　　连接

柔化　　串联　　分割　　整合

开凿　　堆山

延伸　　种植

连接　　整合

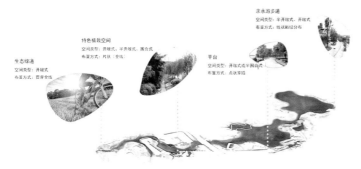

在中央水道这个大面积水域网络里面，加入了特色生境设计和雨水净化，包括特色植栽空间、绿道系统、亲水游步道等。

7.3.2 种植设计理念

依据小榄镇独特的气候条件和水文环境，特色小镇的植物设计进行了分区设计，

彩色化

珍贵化

效益化

增色

块面

层次

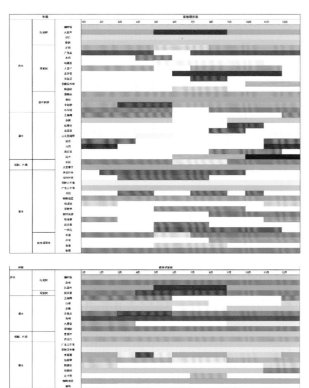

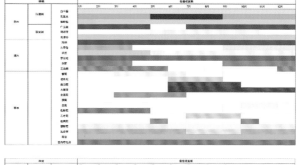

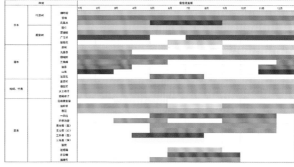

主要的植物设计理念是珍贵化、彩色化、效益化。

四个分区为丛菊对佳客、户户皆春色、开尽岭南花、山岫当街翠。

7.3.3 建筑改造设计

1. 建筑现状分析

通过对基地的建筑调研，将建筑分为四种类型：居住建筑、工业建筑、商业建筑和棚户区建筑。我们通过"模糊数学法"对现有建筑进行评价，以得出需要拆除建筑和可以保留建筑的数据。

2. 建筑肌理变化

3. 建筑立面改造

在建筑立面改造中，分为四个类型。

（1）保留建筑全部

在一些可以保留的建筑上维持原来的建筑并在建筑周围添加其他体块，使之形成一个新的建筑单体。

（2）保留建筑的骨架

在建筑原有骨架基础上进行有机改造，形成一个新的建筑单体。

（3）新建空中连廊

为原来场地内两个毫无联系的建筑单体新建空中连廊，使之变成一个新的建筑单体。

居住建筑　　　　工业建筑　　　　商业建筑　　　　棚户区

评价方法：
基于模糊数学法对现有建筑进行评价

评价要素：
建筑风貌，环境效益，安全性能，经济效益

评价过程：
以差（1分），较差（2分），
中（3分），好（4分），很好（5分）五个等级对每栋建筑进行评价，将各项分数相加得到对每栋建筑的评价

5分及以下　　6-8分　　9-10分
11到14分　　15分及以上

评价结果

创意园片区

文化博览片区

人才孵化园

文旅酒店片区

山景别墅区

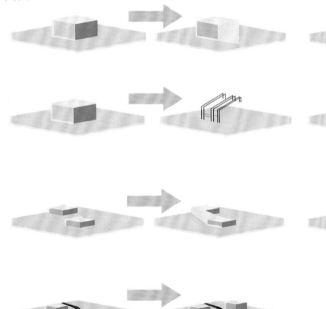

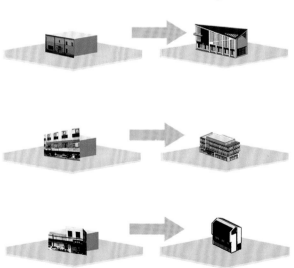

（4）保留建筑景观面

一些在水系周围的建筑，建筑的景观面比较好，可以建立空中廊道，使水系两边的建筑形成观看与被观看的关系。

7.4 景点效果设计

笔落繁花里

遥望远山青

烂漫群芳色

微香动水滨

7.5 专家提问与点评

同济大学风景园林学科专业学术委员会主任刘滨谊：你们这个方案的创意挺好的，以生态人居为主题，通过高强度、高投入将小榄镇打造成山清水秀的地方，将小榄镇的历史文化传承和特色体现出来，这一点非常打动我，谢谢。

清华大学副教授刘伯英：你们这个方案提出的生态人居，让我感觉很诗情画意。还有，方案对基地的整个分析也做得很好，相对来说是比较科学的。你们对现状评价运用了打分的办法，这个是挺好的。再有就是对建筑的改造提出了一些策略，而且思考过大体的方法，这也是挺好的。

8 CHAPTER

东南大学：文创相汇生态园，菊城交融智慧谷

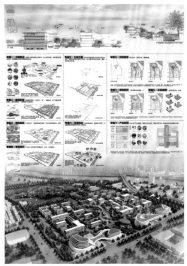

获得奖项：

规划设计组三等奖。

设计方案概述：

基于一个整体性思路，团队把龙山和后面的一片湖，纳入整体研究范围，做成从风格、基底、功能、交通和建筑等五个方面多系统耦合的方案设计，把该地块打造成活动核心、生活核心，强调多元功能的圆融，希望这里成为一个望山见水、透风见绿、簇群错落的有机生态片区。

指导老师：成玉宁

博士，博士生导师。东南大学建筑学院教授。现任东南大学建筑学院景观学系主任，东南大学景观规划设计院研究所所长，东南大学风景园林学科带头人，东南大学建筑学院学术委员会副主任。长期从事风景园林规划设计、数字景观理论和方法、景观建筑设计、景园历史及理论等领域的教学与科研。

指导老师：徐宁

博士，国家一级注册建筑师，东南大学建筑学院景观学系讲师。研究方向：城市公共空间理论与实践、城市景观格局量化研究、景观建筑设计

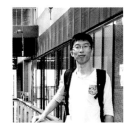

王羽

研究生二年级。画图狗一枚。热爱生活，热爱睡觉。

冯雅茹

稳重与活泼的"矛盾体"，爱生活爱音乐爱设计。相信生活总会给你新的挑战和机会，在设计的奇思妙想里，你就是最独特的自己。

马文倩

日常乐观，偶尔发呆，沉迷画图无法自拔。

彭梅琳

一个边画边唱的灵魂设计狗。人呢，最重要的是开心的画图啊！因为不开心，还是要画图啊！

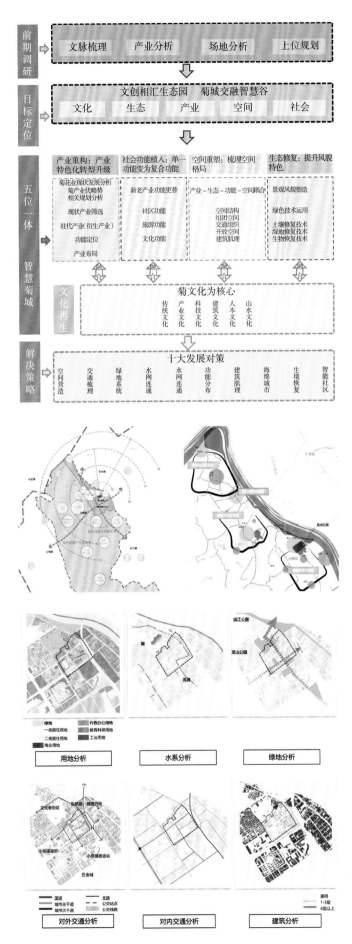

前期调研

目标定位

五位一体

智慧菊城

解决策略

| 文脉梳理 | 产业分析 | 场地分析 | 上位规划 |

文创相汇生态园　菊城交融智慧谷

| 文化 | 生态 | 产业 | 空间 | 社会 |

产业重构：产业特色化转型升级	社会功能植入：单一功能变为复合功能	空间重塑：梳理空间格局	生态修复：提升风貌特色
菊花业现状发展分析 菊产业优势相关规划分析 现状产业筛选 驻代产业（衍生产业） 功能定位 产业布局	新老产业功能更替 社区功能 旅游功能 文化功能	产业-生态-功能-空间耦合 空间结构 组团空间 交通组织 开敞空间 建筑肌理	景观风貌塑造 绿色技术运用 土壤修复技术 湿地修复技术 生物恢复技术

文化再生

菊文化为核心

| 传统文化 | 产业文化 | 科技文化 | 建筑文化 | 人本文化 | 山水文化 |

十大发展对策

| 空间营造 | 交通梳理 | 绿地系统 | 水网连通 | 水网连通 | 功能分布 | 建筑肌理 | 海绵城市 | 生境恢复 | 智能社区 |

用地分析　水系分析　绿地分析

对外交通分析　对内交通分析　建筑分析

8.1 城市解读

从自上而下的视角对基地进行解读，整体技术路线是从前期调研分析、目标定位到五位一体、智慧菊城的立意构思、再到十大发展对策，呈现了此方案完整的生成过程。

8.1.1 区域定位与环境

小榄镇，位于珠三角经济带，是广东省中山市的西北部城市组团中心，是中山市的"北大门"。北侧呈线性分布大榄山、小榄山和龙山公园、江滨公园等绿地，具有丰富的自然山水资源。同时，临近特色商贸服务发展带、现代新型产业发展带，还有独特的水网布局"水色匝"。

8.1.2 顶层设计

在菊城智谷的总体定位下，本次设计地块位于智创生活引领区。以菊城智谷为总体定位，"一带三区"为总体结构。

8.1.3 基地现状问题

通过对用地、水系、绿地、对内外交通以及建筑等的调研，全面分析总结。

本地块目前存在以下四个主要问题：

1. 用地

以工业用地为主，结构单一；城镇建设用地混杂，缺乏配套设施，环境品质不高。

2. 空间

场地与外部的山水、功能组团关系孤立；内部交通无序。

3. 产业

以服装、制造等传统产业为主，规模小、自主创新力弱，竞争力与活力不足。

4. 环境

河涌水质较差，缺乏公共绿地。

8.1.4 文脉梳理

带着上述的问题，团队对此地的历史文脉进行了梳理。菊在历史上代表高尚的气节，吉祥长寿的寓意。在小榄镇这片土地上，菊文化始于明代，并且逐步发展。团队期望通过本次设计，让2017年的菊文化在本区彰显新的高度。

8.1.5 产业格局分析

在大的格局方面，本次设计地块临近老城片区，位于小榄镇规划的商业三圈中的中部综合消费服务圈，包括小榄站、海港城、体育馆等内容，另外两圈是，集菊花园、民俗体验馆等为一体的

"岁岁菊花看不尽，诗坛酌酒尝花村"
"菊社"逐渐演变为十年一届"黄花会"

明代

清代
· 第一届黄花会，以先人定居小榄的甲戌年为一大盛会
· 开始从上海引入花种

1959 "菊城"扬名

1979 "黄华传友谊，省会叙乡情"海外侨胞、港澳同胞重回家乡怀抱

1994
· 第四届甲戌菊花大会
· 保留资料密封收藏于龙山腾龙阁，供后人传承

2004
· 菊艺取得新突破，赏菊楼和大立菊列入吉尼斯世界纪录
· 小榄获得"中国菊花文化艺术之乡"称号

2006 "小榄菊花会"被评为首批"国家非物质文化遗产"代表作

2007
· 暨中国菊花研究专业委员会第十六届年会
· 获"中国菊艺之乡"称号

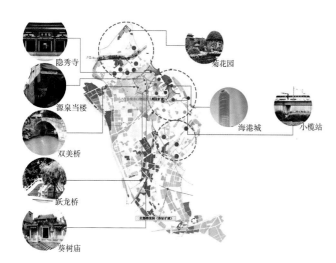

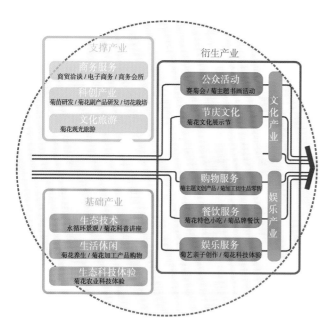

北部旅游文化商圈和南部高端时尚商圈。

如图，在这个小镇老城片区里，有双美桥、跃龙桥、葵树庙等历史文物。因此，它与周边的文化和产业都具有紧密的联系。

8.1.6 产业格局策划

在产业格局上，要结合本地优势，让策划先行。首先，本次设计地块的自身优势包括：

（1）生态优势

紧邻龙山公园，山水格局优越。

（2）区域协同优势

处于珠中江与广佛肇两大都市圈交汇处，赋予小榄较高的区域服务功能。

（3）产品优势

现有菊相关产品种类丰富，有一定市场基础，且需求量大。

（4）文化优势

百年菊文化的深厚积淀，首批非物质遗产认定，知名度高。

秉承着策划先行的规划理念，把小榄镇上述四方面的优势利用产业热点导向和区域政策导向，转化形成三大支撑产业、三大基础产业和多种衍生产业融合的产业体系。

综上，本次设计地块的优势和机遇包含以下五个方面：

· 区位，新兴城镇中心，地域特色发展。
· 产业，创意产业萌芽，产业提升空间大。
· 生态，现状道路、河涌沿岸绿化较好地段。
· 文化，菊文化具有悠久历史和深厚人文底蕴。
· 交通，临近交通枢纽，对外交流便捷。

8.2 他山之石

通过多元的案例分析，借鉴其他地方特色区域的先进思想和成功的开发模式。

8.2.1 案例一：瑞士巴塞尔诺华园区

核心：新技术、新产业引领可持续发展。

借鉴点一：生产制造基地向知识园区的转变。

· 旧厂区和仓库用地引入新技术、新产业。
· 灵活分布公共空间和亲密的街道尺度。

借鉴点二：涵盖多方面的可持续发展战略。

· 涵盖建筑、景观和可持续发展等多层面发展。

战略。

· 远景：带动区域范围的可持续深化发展。

借鉴点三：功能的多元交融与空间活力。

- 功能上尽量多元化，避免形成单一功能区域。
- 自由开放的公共空间与严谨方整的办公、居住空间形成强烈对比。

8.2.2 案例二：拈花湾·无锡灵山小镇

核心：佛文化。

借鉴点一："文化＋"大概念的引入、包装和重塑。

佛文化结合度假组成禅意的生活方式。

- 以佛文化为载体，以休闲产业和居住为核心产业。
- 深度挖掘传统因素，完善故事与概念。
- 准确反映文化底蕴的产品设计。

借鉴点二：沉浸式氛围设计。

在创意策划及设计方面，打造专有气质。

- 项目建筑景观规划实行精细控制，采用古今结合的现代表现方式。
- 软性服务升级，提供微气候智能系统和服务设施。

8.2.3 生态城开发模式及规划

1. 哈利法克斯

借鉴点：创立了社区驱动的开发程序。

- 生态开发公司的建立将取代传统的开发商，是社区基本的开发实体。
- 管理组协调组建土地信托公司、生态开发公司和社区委员会三个组织。

2. 库里蒂巴

借鉴点：以公共交通为切入点解决城市问题。

- 选择公共交通作为解决城市综合问题的切入点。
- 选择"垃圾换食品"项目作为城市运营管理创新的切入点。

8.3 多维立意

8.3.1 总体定位

团队的总体定位是文创相汇生态园、菊城交融智慧谷，形成了以菊为引导下的文化、生态、产业、空间、社会的五位一体。

- 文化：彰显地域特色的菊文化传承。
- 生态：格局优先的菊生态体验先导区。
- 产业：带动经济发展的新兴菊产业链。
- 空间：有机与秩序交融的菊魅力小镇。
- 社会：阶层融合的菊主题人性化场所。

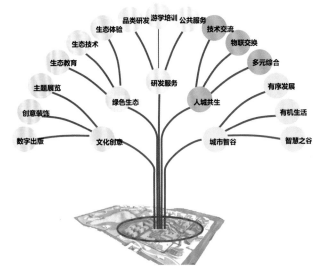

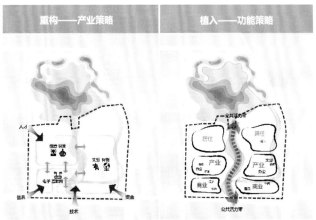

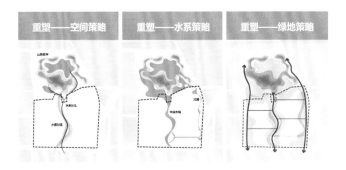

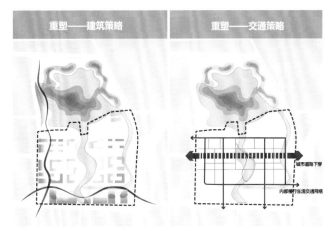

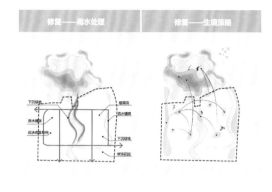

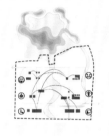
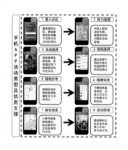

8.3.2 十大策略

为了实现打造出自然、城市与人互动的全方位生态环境，以菊为核心主题的智创产业中心以及引领小榄工作生活新方式的活力场所这三个美好的愿景，团队从重构、植入、重塑、修复和引领五个层面提出了十大策略。

- 重构之产业策略，以菊文化为内核，智能为依托的产业链。实现从制造到创造的转变。
- 植入之功能策略，功能多元复合，聚集商业、研发办公、旅游、居住、展示。
- 重塑之一，空间策略，青山绿水作为各片区的共享资源。
- 重塑之二，水系策略，水脉延伸，打造中央水轴，连接河涌特色。
- 重塑之三，绿地策略，以自然环境为底图，人居建筑为点缀。
- 重塑之四，建筑策略，高度整体控制，打造城市之"谷"，延续龙山的山水自然界面。
- 重塑之五，交通策略，穿越性交通下穿，与步行体系分离。
- 修复之一，雨水处理，渗、蓄、用、滞、净、排，让自然做工，修复现状和生态环境，营造弹性城市基底。
- 修复之二，生境策略，植被群落优化，增强对动植物吸引力，塑造最有生命力的生态绿地。
- 引领之智能策略，将智能基础设施融入到生活、工作、休闲娱乐的方方面面，引导新的生活方式。

8.4 小榄畅想

8.4.1 整体性思路

基于一个整体性思路，团队把龙山和后面的一片湖，纳入整体研究范围，而且小榄一直以来都是自然的、优美的，所以设计团队做成从风格、基底、功能、交通和建筑等五个方面多系统耦合的方案设计，让本次设计地块和城市对话。

- 风格：方格网加自由形态、有机与秩序交融、理性与感

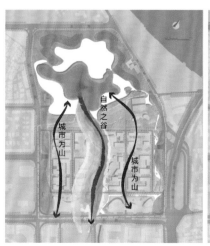

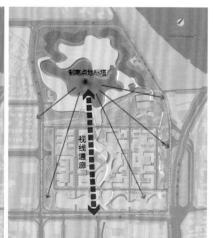

性交织。

- 基底：水绿与城市交织渗透的生态体系。
- 功能：中央活力轴–shopping park新体验。
- 交通：新华东路下穿，结合绿道、水道的慢行体系，中央览桥核心景观点。
- 建筑：景观立面较好且具有发展前景的建筑保留。与周边风貌协调，街区组合式布局。

由于本次设计地块位于城市核心，因此，团队要把该地块打造成活动核心、生活核心，强调多元功能的圆融，希望这里成为一个望山见水，透风见绿，簇群错落的有机生态片区。

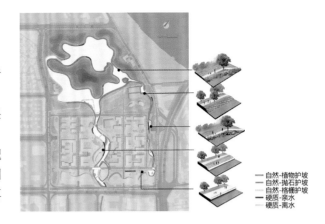

8.4.2 十大专题

对方案提到的十大专题的具体分析和落实如下。

1. 空间重塑

延山引水，放大山水效应。并且将腾龙阁作为地标，实现对整个场地的视线控制。

2. 水系梳理

它的形态是灵动的，并且和河涌串联成水环。通过合理布置五类驳岸，形成滨水绿带。

结合中央水轴、河涌沿岸的景观节点，可以布置开展多种文化活动，塑造具有亲切感的滨水空间。

3. 绿地系统

在绿地层面，通过组团绿地和滨江绿地等多种绿地类型的植入，构成三脉多点、网状绿道的结构，让水与绿相互渗透。

4. 立体交通

在交通上，形成了组团空中连廊、地面慢行系统和水上游线、地下车辆穿行等的多层次立体交通。

5. 产业分析

（1）产业结构

以菊文化为引领、菊产业为核心，形成三大主题，九大功能，多种类型的产业结构。并且，带动相关上下游产业发展，将特色转换为优势，形成具有竞争力的职能，成为小镇发展引擎。

特色项目包括，菊主题电商、菊文化景观区、菊花研究所、综合商业中心、菊主题书法赛、特色餐饮等，

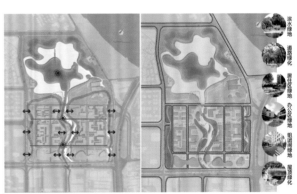

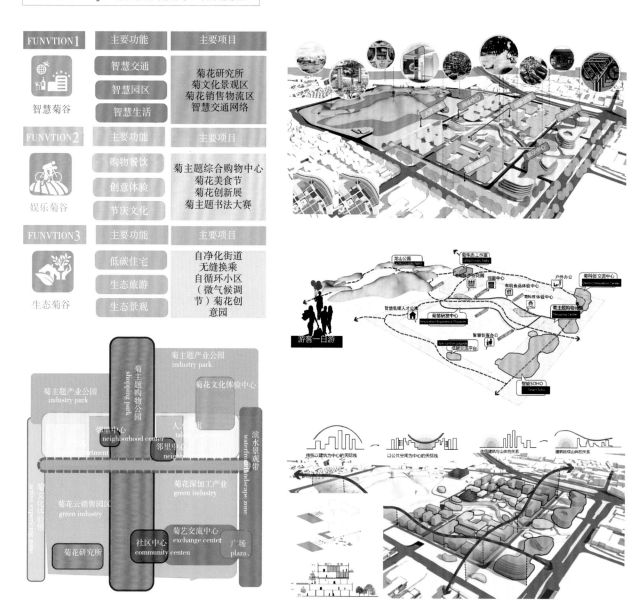

以及利用现代交通工具，打造公共交通无缝换乘体系，便利居民公共出行、实现生态低碳通勤的无缝换乘体系。以生态为引导原则，组织建设空间合理、舒适宜人的自循环小区，感受低碳居住魅力的自循环小区。还有在快速的现代生活节奏下，为日常生活打造富有亲和魅力的低碳交流平台，感受生态慢生活的低碳交流平台。

（2）产业布局

基于上述产业结构，形成一个相对完善的产业布局。根植于本土文化，以传统产业为基底，"智"产业为支撑，"绿"产业为基础，"文""娱"产业为衍生的产业体系。

6. 功能复合

引入商务、办公、产业、展示、生态居住功能。创智产业与购物公园、居住结合，激发本地的多导向活力。

结合自然、人文景观点和特色产业，打造游客一日游路线。策划菊主题产业体验游、亲子游、都市休闲游等路线。

7. 建筑肌理

规划整体高低起伏的城市天际线，因为现状建筑质量较差，改造代价大。所以，选择代表性建筑作为场所历史记忆遗存。并且，保留建筑与新建筑形成围合空间、置入绿地，赋予新的生命力。

8. 海绵基底

合理运用屋顶花园、下沉绿地、植草沟、生态树池、透水铺装等，同时结合城市管廊系统，以集约的方式实

现雨水的最大化利用。打造形态与生态统一化的有机城镇。

9. 生境优化

保留梳理荣华北路、沙口东路、河涌沿岸绿化较好地段，并通过乡土植物，营造多层次且具有标志性景观季相的植物景观大道和特色片区。

这样形成的优质基底，会吸引许多野生动物把此处当做栖息地，形成一个稳定的、活力的生命体。

10. 智慧城市

搭载高新技术的基础设施，形成智能化的街巷空间。

8.5　重点地段

主要呈现的是中央水轴由南到北的景观序列，以信息交流中心为开端，同时也是城市的一个展示界面。以菊主题商业综合体为过渡，强调公园式的体验。高潮是多样的滨水活动空间，尾声以菊文化科普园形成自然式的体验中心。整个序列都以龙山和腾龙阁为背景，形成优质的景观视廊，是城市向自然的过渡。

最后，自然给这片土地一盘泉水、一座山的恩赐，今天通过我们的智慧，再给小榄留一片绿叶。团队期望未来的小榄是最具生命力，最灵动，最富有人情的。因此，要用鲜活的思路为这片土地打造21世纪＋的全新发展模式。

8.6　专家提问与点评

广东省城乡规划设计研究院院长丘衍庆：方案里好像没有看到龙山湖面以及湖心岛跟周边的联系，请问对于这个你们是怎样考虑的？

东南大学参赛代表冯雅茹：首先我们是一个整体性的规划思路，把它纳入到研究范围，我们通过延山引水的策略，将北部营造成一个纯自然的生态环境，而南部则营造成自然与城市交融的体系。关于到里面的形态的话，由于我们是一个概念性的设计方案，所以具体到细节方面还没有想的非常深入。

国家林业局林产工业规划设计院院长郭青俊：我看完这个方案，给我的感觉就是有太多东西在里面了。项目基地那么小的一个地块，放了那么多东西，比王府井都要多。如果我们做方案，总是想着添加很多东西进去，想到什么就加什么，这是不可取的。你们需要考虑的是使用者来到这个地方希望看到什么？而不是从一个大规划里，想加什么就加什么。我就提这个建议，谢谢。

北京林业大学副校长李雄：方案总的来说很成熟，里面海绵体系做得很全，我就问一下海绵体系的细节。这个区域，地表水容量是多少？第二个，你们用了下沉绿地，那么这个区域降雨量是多少？你们控制下沉绿地的深度应该是多少？想听听你们的理解。

东南大学参赛代表马文倩：我们的雨水下沉绿地一部分是跟水道的驳岸结合，通过自然驳岸的方式对雨水承载量进行了预估并做弹性的处理。对于下沉绿地方面，我们并非完全采用下沉绿地本身容纳和承载雨水，在下沉绿地下是设置有管道，因为这个地方是有水体的，我们会通过一些处理，让这些多余的水排到水道里，并非完全在场地中消除掉。

9 CHAPTER

广州美术学院：小榄智造博物集群
——小榄特色小镇概念策划设计

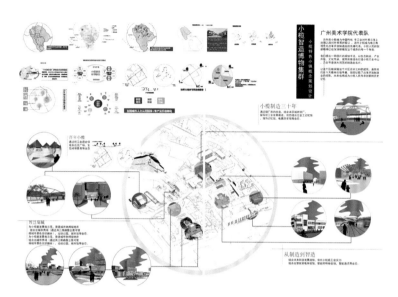

获得奖项：

规划设计组三等奖、最佳社会责任奖。

设计方案概述：

小榄特色小镇的特色体现在利用创新支撑文化内涵的大众体验，打造文化体验消费的制造业集群。为此我们提出"一带四片"的规划手法，以生态融合，产业升级，文化传承，城市形象来加强未来产业升级孵化和城市人文认同精神，综合打造小榄乃至中山，乃至粤港澳大湾区的制造业名片，百年制造业博物馆聚落。

指导老师：王铭

广州美术学院建筑艺术设计学院城市与建筑工作室主任，优才计划负责人、千百十校级培养对象、广州美术学院中青年骨干教师培养对象,广东省英课优秀试验课程《空间形态》负责人、广东省青年重大项目《当代珠三角城市形象与公共艺术一体化设计研究》课题负责人、亚洲城市联合设计（AISA Networking Design Work Shop）联盟发起人。

陈恩恩

建筑艺术学院风景园林专业研究生。曾获2017年广州老旧小区微改造规划设计方案竞赛海珠区仁和社区改造优胜奖；2017年广州老旧小区微改造规划设计方案竞赛越秀区梅花路小区改造三等奖；义龙未来城市设计国际竞赛团队三等奖。

郑梓阳

广州美术学院建筑艺术设计学院建筑艺术设计2014级学生。曾获2017全国建筑与设计专业教学年会优秀作品展优秀奖。

黄业伟

广州美术学院建筑艺术设计学院建筑艺术设计2015级学生。参与项目"珠三角农村文化广场改造"获国家级创新创业项目奖；华南理工大学"天作杯"营造大赛二等奖；广州美术学院创新创业大赛优秀奖。

李婧

广州美术学院建筑艺术设计学院景观艺术设计2015级学生。曾获华南理工大学"天作杯"营造大赛二等奖；广州美术学院创新创业大赛优秀奖。

9.1　规划研判与问题分析

　　小榄位于中山北部，内外交通便利，并且调查分析显示，小榄40km经济圈内旅游资源相对丰富。将小榄作为特色小镇设计，我们一直在思考小榄作为中山的工业重镇如何与特色小镇建设进行结合。

　　跟据分析，项目基地的现状：

- 文化：拥有见证中山制造业发展的厂房片区，但资源利用不足，未达到文化辐射效应。
- 空间：街道的空间运用杂乱，没有发挥好本身的资源价值，与周边的空间缺联系。
- 商业：商铺出售，没有统一的运营管理，导致业态经营混乱，业态层次低。

9.2　项目定位与概念创意

1. 项目定位

　　"广州—深圳—香港"是粤港澳大湾区世界级城市群的脊梁，中山作为大湾区的西岸的中心地段加之其民营、

小榄镇位于中山的北部，内外交通便利

建筑类型

1个古镇乡村，3个展馆，5个人文景观，2个休闲度假

建筑结构

中山制造业集中在中山的北部，即小榄为中山的工业重镇

建筑年代

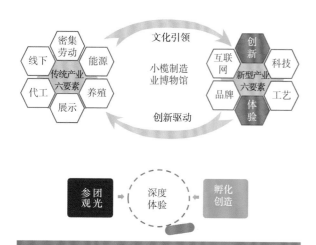

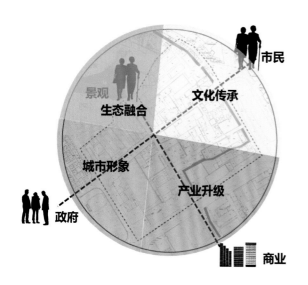

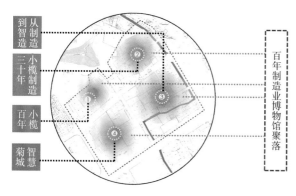

制造和高创能力突出，连接周边东莞、惠州、江门湾区制造业等基地，将引领湾区硅谷起飞。

百年前小榄作为中国传统手工业对外展示海上丝绸之路对外贸易的窗口；近代小榄成为珠三角现代化改革开放制造业的先锋代表。小榄人民的创新精神已经深深根植在这个城市的每一个角落。小榄特色小镇的特色体现在利用创新支撑文化内涵的大众体验，打造文化体验消费的制造业集群。

2. 概念提出

为此我们提出"一带四片"的规划手法，以生态融合，产业升级，文化传承，城市形象来加强未来产业升级孵化和城市人文认同精神，综合打造小榄乃至中山，乃至粤港澳大湾区的制造业名片，百年制造业博物馆聚落。

同时，百年制造业博物馆聚落策划也让这个区域保留了85%的建筑，虽然它们在今天看来价值平庸，但却记载了改革开放制造业的缩影，未来也将成为小榄人民传承创新的历史记忆。

9.3　空间规划与业态布局

从小榄制造业的历史出发，百年制造业博物馆聚落在空间上整合成"百年小榄""小榄制造30年""从制造到智造""智慧菊城"四个部分。

"百年小榄"片区，在这里我们将通过轻工业遗迹保护及岭南庭院打造，组合出主广场，生活博物馆，历史记忆馆，空间情景秀等业态构架，还原"百年小榄"记忆。

"小榄制造30年"片区，通过旧厂房遗迹改造，结合本区域老锁厂，留存轻工业发展痕迹，组合出金工记忆馆、服饰记忆馆、电器历史馆等业态构架，书写小榄制造业三十年历程。

"从制造到智造"片区，结合未来科技发展趋势，依托小榄轻工业实力组合出智能家电体验馆、智能照明体验馆、智能通讯等业态构架，展示当今小榄辉煌。

"智慧菊城"片区，为小榄新发展做示范，营造城市休闲绿地并组合出城市秀场（通过其三维曲面立面可使得城市景色交织融合）、运动公园、企业孵化器等业态构架，展望未来小榄宏图。

9.4　总结

在此次竞赛过程中，我们看到了不同的参赛者对特色小镇概念的不同解读，看到了每个方案对于特色小镇与城市建设发展关系的理解和表达。我们也表达出我们注重空间引导与微观空间感受的特色。这是一个知识理论碰撞的过程。特色小镇的发展需要创新，我们也需要以更加灵活的方式去应对发展所带来的各种问题与挑战。在今后的实践中，我们期待保持"微观介入、宏观控制"的特色理念，为特色小镇建设付出努力。

9.5　专家提问与点评

　　北京林业大学副校长李雄：你们设计方案很有特点，比较出乎我的意料。我原以为作为艺术类院校，方案肯定很炫、很浪漫，但恰恰相反，这个方案特别理性。方案以点带面，循序渐进的一个设计策略是值得肯定的。

　　棕榈生态城镇发展股份有限公司董事长吴桂昌：方案的概念很好，但是方案怎么落地？怎么去带动周边产业，如何实施，请再详细讲解一下。

　　广州美术学院参赛代表陈恩恩：对于方案的落地，我们是通过以点带面，以植入的方式带动周边。例如，项目定位是百年制造业博物馆，我们会在片区植入一个"引爆点"，这个点是该片区可落地的项目，借此发展一些延伸业态。假设这个片区是非遗文化的"引爆点"，那么周边将会有相关非物质文化遗产的商业配套，从而实现带动周边产业发展。

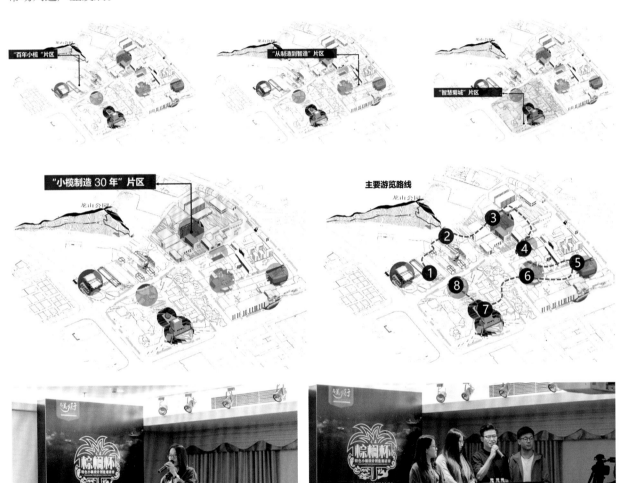

10
CHAPTER

暨南大学：小榄镇菊城智谷特色小镇产业发展创新模式研究

获得奖项：

调研报告组三等奖。

设计方案概述：

通过对资源条件概况、产业发展现状进行系统分析，提出菊城智谷"4321"的特色产业功能定位。研究结论：未来菊城智谷特色小镇产业发展应遵循"智能制造服务＋产品研发设计＋文创休闲体验"的创新发展模式，为今后同类型特色小镇的可持续发展提供可行性建议和方案。

指导老师：文吉

教授，硕士生导师，暨南大学旅游管理系系主任。主要研究方向为服务管理、服务企业管理（接待业管理）与乡村旅游。主持和参与国家社科重大项目、广东省普通高校人文社科重点研究基地重大项目等多项纵向和横向课题。现为广东省旅游局专家库成员、广州市旅游局专家库成员、广州市农业局专家库成员，广东省星级酒店评定员，《南开管理评论》《旅游导刊》等核心期刊评审专家，华盛顿州立大学访问学者。

刘欣

喜欢旅行，更喜欢拥抱自然专注于旅游本体的无尽探索，热衷于秀丽河山的趣味发现。暨大三年的研究生时光让我逐渐懂得人生仿佛一段未知的旅途，过程往往比结果更加重要。

林珊珊

来自暨南大学管理学院旅游管理系。北往南来，拥抱羊城的缤纷，徜徉于暨南园中。蝉鸣夏夜，逐萤而过；冬昼暖阳，环沐周身；春英秋水，四时流动。愿不息热忱，不易真心。

刘晓芬

旅游管理专业，平时喜欢旅游，爱好收集去过各地的车票。我希望有一天，背着我的吉他，带它去旅行。

焦骏轩

一名本科生，喜欢旅游，从高中起，渴望以后踏入旅游行业，如今做到了。

10.1　前言

特色小镇作为实现新型城镇化发展、促进经济增长与产业升级的重要载体，在推进供给侧结构性改革过程中取得了显著的成效。国家"十三五"规划与"三部委"颁布的《关于开展特色小镇培育工作的通知》中明确指出：创新建设理念、转变发展模式、培育特色产业是保证小镇建设健康发展的指导思想。

特色小镇是遵循"创新、协调、绿色、开放、共享"的发展理念，聚焦特色产业，集聚支撑元素，融合产业、文化、生态、社区等多项功能的创新创业平台。现阶段，在快速推进小镇开发建设的同时，如何凭借资源优势和自身特色，科学合理地选择经营发展模式成为政府和企业面对的一个关键问题。本文选择中山市小榄镇菊城智谷特色小镇作为案例地，结合生产、生活、生态、文化四个方面，通过对案例地基础资源和产业定位发展分析，探索未来的创新路径与经营发展模式，对以菊城智谷为代表的特色小镇可持续发展提供可行性的建议和方案。

10.2　研究案例地概况

10.2.1　资源分析

小榄镇地处东经113° 13′，北纬22° 47′，位于珠江三角洲中南部，亚热带季风气候使其全年拥有较为丰沛的降水和较高的温度，暖湿的气候与当地的农业、生物、森林、水资源等息息相关、紧密相连，得天独厚的自然资源是菊城智谷特色小镇建设发展的有利物质条件。小榄镇是隶属伟大革命先行者孙中山先生故乡中山市的经济、文化重镇，丰富的人文资源为发展菊城智谷特色小镇提供了瑰丽的精神财富，能够开创城镇化与传统文化相互融合的新模式。资源的多功能性与系统性融汇交织，不断延续，为构造新的发展领域提供了基础与潜力，自然资源与人文资源内外兼容，共同构成菊城智谷发展的重要元素。

10.2.2　自然资源是发展特色小镇的外部元素

作为岭南文化的一支属系，香山文化包含了岭南文化体系中的粤、闽、客三大民系的文化特质。中山人民秉承"敢为天下先"的精神，一次又一次地超越自己。小榄因商业的繁荣而成集镇，小榄镇人民在诗意般地寻找城市新坐标的探索路上，为特色小镇文化的传承与发展奠定了牢固的精神和物质基础。

小榄人喜菊，菊花清姿傲骨、不畏严寒、生命力顽强，正是这种精神构成了小榄镇菊文化的精髓和灵魂，这种菊文化的形成和发展进而为小镇的特色民俗、艺术与生活带来了源源不断的素材。小榄菊花会是一项起源于明清时期的民俗活动，2006年被纳入国家级非物质文化遗产，至今已成为每年都举办的常规活动。老一辈艺术家、民间团体每年完成硕果累累的各种以菊为题材的文化作品。加上商家对菊文化的包装利用，小榄的"菊城"形象早已深入人心，"中国民间艺术之乡"名副其实。

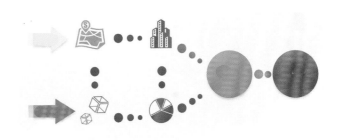

伴随历史文化传承下来的，还有一批满足小榄群众休闲需求的游憩地——集创意、文化、娱乐于一体的双美府，适宜舒心散步的凤山公园、圆榄山，绿化、美化与自然景观相和谐的龙山公园，中山市文物保护单位小榄革命烈士纪念碑，香火鼎盛的隐秀寺，地方首创民俗景色品牌水色匝，工业+旅游模式发展的菊城酒厂，承载悠久历史故事，积淀厚重文化底蕴，这一系列人文资源共同为小榄特色小镇的起步发展提供参考价值。

10.3　产业发展分析

10.3.1　产业类型分析

产业是城镇发展的支撑条件，而特色产业是突显特色小镇差异化建设与发展的集合体现。小榄镇目前的产业支柱类型主要分布在传统制造产业、生产服务产业、生活服务产业、公共服务产业四个方面。小榄镇的支柱产业为菊，"菊城智谷"特色小镇实现产业集聚化发展提供集合系统。

1. 制造业为特色小镇的产业集聚与升级提供动力集合

小榄镇第二产业发展起步早、发展势头良好。其制造业基础敦实，特色突出，涵盖了电器机械及器材制造、金属制品、服装制鞋及电子通讯设备制造等多个领域。其中，电气机械及器材制造业、金属制品业是小榄制造业的重要支柱，五金制锁与燃具、电子电器、内衣是小榄制造的主要品牌，华帝燃具、本田制锁在业内享有较好声誉。其积极培育的 LED 照明产业逐渐成长壮大，相关配套产业的销售收入持续增加，成为小榄镇经济发展新的增长点。在现有基础之上，汽车电子与厨房家电成为小榄镇制造业未来发展的新方向。

小榄镇制造业涵盖领域广、门类全，较少的大型企业与数量繁多的小微企业共同构成了小榄镇制造业的动力细胞，菊城智谷产业发展能够以此为基，形成集聚。此外，劳动密集型、科技含量低、行业壁垒低、附加值低等问题令制造业在激烈的市场竞争中易遭遇瓶颈，在劳动力成本上涨、盈利空间缩小、产品同质化现象较为严重的市场环境下，产业升级尤为必要，成为菊城智谷产业发展的重要走向和应对挑战的突破口。总而言之，现有制造业提供产业集聚的基础并形成产业升级的必要，提供了菊城智谷产业集聚与升级的动力集合。

2. 生产服务业为特色小镇的产业竞争水平提升提供拉力集合

小榄生产服务业主要涉及金融服务业、电子商务服务业以及物流服务业。金融业作为第三产业服务业服务于中小型制造企业。当前小榄镇的金融服务与制造业关系密切，重点关注中小企业发展前景，其金融业贡献率日益提高，现已形成了"村镇银行＋担保公司＋小额贷款公司"的特色模式，在为企业提供资金周转的同时，刺激中小型企业创新发展并促进业态转型升级，进而实现小榄镇制造业积极发展。

小榄镇作为"中山市首批电子商务示范基地"，极力推动传统服务业和制造业向电子商务企业转型升级，通过产业融合，实现企业批量线上大额交易和线上采购的资源对接及整体的批发交易，打造集信息服务、电商、批发、物流等功能于一体的产业链条，相关企业将会得到一个从前期的市场研究、产品批发到后期的生产管理、物流配送和市场销售的良好发展环境，实现技术和效能的有效提升。小榄镇特色生产性服务产业（以金融、电子商务、物流为典型代表）的引入可为制造业转型升级与改造提供外部辅助条件，提升菊城智谷特色核心制造产业的竞争力。

3. 生活服务业为特色小镇的休闲游憩功能提供推力集合

小榄镇现有生活服务业重点内容包括商贸服务业、旅游业、酒店业和房地产业。目前，小榄镇大型商业设施大部分集中于中部商圈和菊城大道，为社区居民和外来人员提供购物娱乐休闲体验。秉承"菊城"美誉，整合菊文化、"水色匝"、特色产业、会议会展等资源，挖掘旅游价值，文化与旅游元素也被纳入小榄各类旅游路线；在住宿方面，小榄酒店业已有较好发展基础，随着经济增长、产业升级、游客需求提升、居民生活水平提高，对酒店需求的类型会不断增加；小榄现有人口密度已达 4251 人 /km²（含非户籍常住人口），土地开发空间大，形成了发展开放型的房地产市场，既兼顾本地常住人口对住房的刚性需求和改善性需求，又加强居住生活服务配套建设，特色小镇开发建设的理念可以是房地产企业又一新的发展方向。

小榄镇生活性服务业的发展呈现特色化、高端化、品质化趋向，契合了菊城智谷的产业发展定位，并以休闲游憩为功能主线，促进特色小镇美好生活的层次提升。

4. 公共服务业为特色小镇基础设施配套提供引力集合

小榄镇公共服务产业发展日益完善。在基础设施建设方面，建有绿道 22.95km，建设污水收集管网 250km，生活污水日处理能力提升至 14 万 t。在民生保障方面，教育教学体系注重纵向垂直化发展，大力开设成人教育体系、老年大学、社区学院等公共教育服务机构。小榄逐步实现公共文体服务规范化、均等化发展，全力打造明星社区品牌，推动全镇16家公共图书馆借阅连通系统建设，改造升级15个特级社区文化室，建成9个国家级基层综合性文化服务中心。此外，小榄医疗水平不断提升，建立两大紧密型医疗体系，推动分级诊疗，完成小榄人民医院妇幼保健中心、陈星海医院新大楼等重点项目建设。全镇门诊保险率突破90%，住院医疗保险率高达98.5%，具有打造区域性医疗中心的基础和优势。

菊城智谷基础设施的积极引入是决定特色小镇是否可以成功运作的先决条件，产业集群化发展离不开社会公共服务体系的支撑。小榄镇完善的公共服务产业可以为菊城智谷特色小镇的基础设施提供配套条件，引导小镇产业集合成员之间的协调共生发展。

10.3.2 产业功能定位

以"高质生态""高效生产""高雅生活""高品文化"为主题，依托"智能制造服务中心、产品研发设计基地、文创休闲体验空间"三个平台，确立高科技智能制造产业升级＋休闲服务舒缓两项功能，实现"以产带镇，以镇兴城"的可持续发展目标。

10.4 产业发展创新模式构建

围绕菊城智谷特色小镇的特色产业定位，结合三大创新创业平台提出发展模式，指导特色小镇科学化、合理化发展。

10.4.1 以智能制造服务为支撑的创新模式

积极搭建智能制造创新中心的服务平台。凭借平台优势，大力引进智能制造领军企业的进驻，汇聚优质制造行业和互联网行业资源，为制造产品的定制化、商业化提供契机和方案，集聚优秀品牌制造商、供应链厂商，通过"互联网＋"等策略，打通制造业产业链上下游和资讯瓶颈，助力小榄地方企业智能化转型升级，降低资源获取成本。智能制造服务中心为小榄当地的传统制造产业升级提供了新方向、新渠道。实行现代高科技产业＋制造业的产业融合模式，效仿美国硅谷产业发展方式，努力打造菊城文化与智谷产业的高新产业示范园区。

10.4.2 以产品研发设计为依托的创新模式

打造各有侧重、类型多样的研发设计基地，推进菊城智谷产业向高端纵深发展，包括专利技术研发基地、文创产品研发设计基地、科普产品研发设计基地和金融产品研发设计基地等。

在打造专利技术研发基地方面，尤其针对制造业，融合新颖性、创造性和实用性，促进制造业的转

主要的大型零售商业项目表

项目名称	占地面积（m²）	建筑面积（m²）
118向明购物广场	22000	53000
顺昌购物广场	7760	21144
大信新都汇	37000	15000
泰丰购物中心	21000	21000
海港城	23800	200000
天幕城	43000	—
龙山商业中心	20000	53000
东区商贸大楼	25000	50000
百汇时代	59000	250000
中天广场	33000	152000
东区商业中心	7337	—

资料来源：中山市小榄镇总体规划（2015—2020）。

产业功能定位

以智能制造服务为支撑的创新模式

型升级、高效生产，增强产业的竞争能力。打造文创产品研发设计基地时，立足岭南文化、香山文化、菊文化，将文化元素、产品功能与内在意蕴综合融汇，培育高识别度品牌，催生代表性强的文创产品，满足大众审美水平提升的要求。科普产品研发设计基地的开发建设与高校及科研机构合作，开展教学培训等多样普及活动。金融产品研发设计基地的开发秉承谨慎周密原则，探寻市场及企业需求，进一步发挥生产服务业的拉力作用。

产品研发融汇原创性、知识性、趣味性、科学性、艺术性，关注市场性和收益性，注重经济效益、社会效益和生态效益的和谐统一。以产品研发设计为依托的创新发展模式，在建设多种研发设计基地的同时紧扣菊城智谷发展主题，为高效生产提供了智力支持，此外，产品的创意加工提升文化品位，生产与文化双向结合，助力产业升级，丰富休闲内涵，成为创新发展模式的重要依托，加速菊城智谷宏大目标的实现。

10.4.3 以文创休闲体验为引领的创新模式

休闲服务舒缓区将"高雅生活"和"高品文化"联系起来，通过休闲、旅游和文创体验的途径，引领菊城智谷特色小镇新局面。

1. 休闲体验

保留小镇的慢节奏，打造慢生活的休闲方式，主要涉及大型零售商业、特色餐饮、文化商业展览等休闲场所。依托集中式商业中心和小镇内现状水系，分别构成连续的主要步行系统和滨水体验，整体打造慢行空间，开展购物、社交和游憩活动。慢行流线的设计主要由河涌水道与道路绿带、公园游线组合，由商业街轴线串联组成。充分拓展菊花集观赏、药用功能为一体的审美、养身休闲产业，加上互联网思维、电商模式或其他新时代元素，带动相关产业的联动发展。

2. 旅游体验

依托独特的自然风貌资源和人文历史景观，通过营造不同主题，形成以菊城文化游、慢道休闲游、亲子体验游、"水色匝"生态游、工业旅游五大板块为主打的全域旅游生态圈。打造面山临水的旅游配套区，针对相关的旅游需求，设置特色精品酒店、度假旅馆等设施。完善旅游业务业态和公共游览服务，建立景区管理机制。同时，要避免同质化现象，打造经营符合消费需求的小榄特色小镇，对其进行IP化。

以产品研发设计基地为依托的创新模式

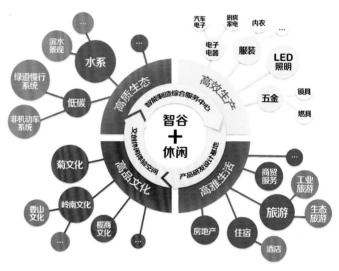

以文创休闲体验空间为引领的创新模式

休闲体验：绿道慢行系统、滨水体验…

旅游体验：菊城文化游、"水色匝"、工业旅游…

文创体验：文艺培训…

3. 文创体验

将旧工厂、废弃工厂转型发展为文化产业的旗舰产品。入驻各类文化艺术品商家、大师名人工作室、文化艺术培训班等，创建一批创业小店、创业学院、创新工场、虚拟众创、文创街等众创空间和载体，建立创业导师队伍，开展互联网创业创新培训，推动创新成果向创业转换，孵化一批互联网创新型应用中小企业。鼓励开放技术和资源，带动特色创客和小微企业创业创新，主要打造创意的集中展示区、产业的集聚创新区、文化的体验交流区。

10.5 结论与讨论

10.5.1 结论

通过对小榄镇资源概况以及产业发展分析，确定了菊城智谷的特色产业功能发展定位为：以"高质生态""高效生产""高雅生活""高品文化"为主题，依托"智能制造综合服务中心、产品研发设计基地、文创休闲体验空间"三个平台，确立高科技智能制造产业升级＋休闲服务舒缓两项功能，实现"以产带镇，以镇兴城"的可持续发展目标。即"四个主题、三个平台、两个功能、一个目标"的特色产业定位。最终得出结论：菊城智谷特色小镇可以应用智能制造服务＋产品研发设计＋文创休闲体验的产业发展创新模式。

10.5.2 讨论

菊城智谷作为中山市首批动工的五个特色小镇之一，在产业集聚发展中应起到先行示范作用。因此，本研究欲在文末针对案例地展开几点讨论：

- 菊城智谷应以市场动力为核心，通过发挥核心产业成员的协调和组织能力，带动辅助产业成员以及整个特色生态创新小镇的不断发展。
- 建立完善的人才招募与培养机制。人才战略在特色小镇的高效运转中起到至关重要的作用，在一定范围内建立起专业领域高层次的培养系统，可以为特色小镇的长远发展提供可能性。
- 产业集聚是具有动态性的变化过程，对于特色小镇的可持续建设与发展而言，如何把握产业更新迭代和资源合理配置等问题，是未来在实施菊城智谷小镇建设过程中需要重点考虑的问题。

10.6 专家提问与点评

北京林业大学副校长李雄：你们方案里的生态、生产、生活、文脉四个主题里，你们认为哪个是核心的？

暨南大学参赛代表林珊珊：我认为是第三个，生活是最重要的。特色小镇并非仅仅是一个镇，它包含一种融入生活的理念，如同我们在小榄镇做了一个特色小镇，如果能做到吸引人流连忘返，那么到小镇游览就变成是一种生活，形成一种日常习惯。在特色小镇概念上，是想让人们的生活充满更多的这种生态体验，是对用户的生活进行一种放松，所以我认为生活是最重要的。

广东省城乡规划设计研究院院长丘衍庆：小榄菊城智谷特色小镇是在发改委特色小镇规划中。政府在做申报特色小镇时，应该是有申报相关数据的，不知道你们有没有进行了解。

暨南大学参赛代表林珊珊：谢谢老师提问，你说的这种情况我们也是有了解到，对这些相关的数据有一些收集。在这个过程中也是有提出申报理念，给我们很多资料的参考，然后我们在这个基础上进行丰富，将我们团队的想法融入进去，我们的调研方案也是基于这些资料和团队的创意和想法而形成的。

11 CHAPTER

西北农林科技大学：空间·重述
——基于人地关系修复的小榄镇街区有机更新计划

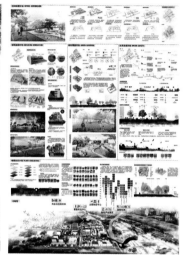

获得奖项：

最佳植物设计奖、最佳生态理念奖。

设计方案概述：

小榄镇街区有机更新计划从生存空间、生活空间、精神空间三方面入手，改善场地内频发的洪涝问题、环境污染问题和场地文脉缺失的问题，提出了空间重述的规划愿景，以生态智慧、文化智慧、科技智慧为总体设计原则，通过六大核心策略，旨在营建生态与文创艺术兼具的特色小镇。

指导老师：张延龙

教授，西北农林科技大学园艺学院观赏园艺系主任，中国园艺学会球宿根花卉分会副秘书长，陕西省花卉协会常务理事，陕西省花卉盆景协会副会长，陕西省林木品种审定委员会委员。

李英奇

曾经获得校级一等奖学金四次，论文单项奖学金，华润助学金，普天奖学金，参与课题"3DMax在园林景观设计中的应用"获得河北省科学技术成果奖，获得北美枫情杯全国林科优秀毕业生，河北省优秀毕业生，西北农林科技大学优秀研究生等荣誉称号。

张希

曾获国家励志奖学金，参与大学生创新创业活动，以"海绵城市理论研究与实践——南校区三号楼环境改造项目"为课题，评审结果为优秀。曾参加2016年中国明信片文化创意大赛并获大众组中级设计师称号。

关之晨

曾获2014年纬图杯景观规划设计大赛优秀奖，2015西南大学校园景观规划设计大赛一等奖。

陈迎春

曾获国家励志奖学金、协和置业奖学金，获得陕西省"宁东杯"旬阳坝古镇设计大赛一等奖。

11.1 项目思考

11.1.1 地理区位

竞赛项目场地位于中山市小榄镇东北部，占地21.4hm²，与中山市区相距28km，基地毗邻佛山顺德区，北距广州中心城70km，南距珠海、澳门90km，西距江门10km，东距深圳、香港150km。依托小榄镇的地理优势，有完善的交通网络，是未来小榄菊城智谷的重要组成部分。

SITE 区位分析

11.1.2 核心问题

随着城市化的进程，城市产业结构不断调整，建筑密度和城镇外来人口不断增加，城镇面临多种问题，区域活力降低，产生突出的人地矛盾。

- 生存空间：极端天气频发，水患灾害严重，还存在环境污染，生存条件差的问题现状。

- 生活空间：在生活层面上，人们希望得到更加充足的空间，原有场地的交通空间单一，基础设施不完善，缺少游憩空间，无法满足人们的活动需求。

- 精神空间：随着城镇外来人口不断增加，冲击了当地原有文化，传统农耕文化逐渐衰败，特色文化展示不足。

11.1.3 场地周边环境分析

根据上位规划，场地地处小榄特色小镇核心范围内，顶层设计定位为智创升级引领区。与此同时，场地毗邻大型居住组团、小榄镇人民政府，并与龙山公园相连。场地内水系与小榄水道相接，共同汇入小榄"水色匝"水系。场地与106国道相接，交通便利，与城市主干道相连。

11.1.4 解决思路

- 空间：通过对城市空间的再定义、功能的再组织，商业业态重构以及城市绿地系统的引入及构建，使得场地聚集活力、吸引力，将城市旧街区改造成为具有特色的城市开放空间。

- 重述：追溯原有的城市记忆，融合当代城市记忆。通过对城市空间的再定义、功能的再组织，商业业态重构及绿地系统构建，使得场地聚集吸引力，将城市旧街区改造成为具有特色的城市开放空

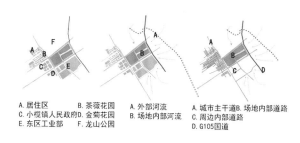

A. 居住区 B. 茶薇花园
C. 小榄镇人民政府 D. 金菊花园
E. 东区工业部 F. 龙山公园

A. 外部河流
B. 场地内部河流

A. 城市主干道 B. 场地内部道路
C. 周边内部道路
D. G105国道

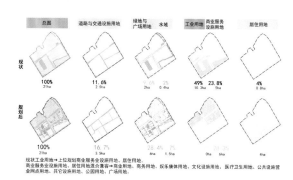

间，生成全新城市空间记忆。

· 生态恢复：改善区域环境质量，恢复城市自然生态环境创造城市绿地体系。解决城市水安全问题，构建安全城镇环境。

· 文化展示：延续人与自然历史的关系，实现场地的人文性。充分发掘并发扬文化资源，提升场地吸引力。强调新与旧的对比，传统与现代的对比，产生文化的延续性和继承性。

· 城市更新：开发利用原有场地空间，对场地空间进行更新，同时优化产业结构，置入商业元素，激发区域活力。

11.2 空间重述

11.2.1 核心策略

利用单元模块化设计策略，释放场地的公共交流空间，提供生态化品质化的良好人居环境，为场地注入活力。为此，我们所提出六大计划：空间拓展计划、建筑改造计划、绿色覆盖计划、水系安全计划、植栽生态计划、文化传承计划。

11.2.2 空间拓展计划

空间扩展计划主要是通过平面空间和竖向空间规划改造来创造更加丰富的空间，为人们提供一个宜居环境。改造时注重多层空间的创造和空间的围合，营造出开敞、半开敞、闭合等不同的空间类型。

平面空间重构主要包括建筑空间改造、城市水网构建、绿地系统构造、通风廊道改造、业态分布改造以及道路空间改造。道路空间改造包括人行系统、自行车系统、车行道路系统、公交与慢行系统及空中游览交通步道改造。

竖向空间重构主要是设计了立体的高架步道，丰富了城市的竖向景观，也给居民和游人提供了丰富的体验。

11.2.3 建筑改造计划

对场地保留的原有建筑进行水平方向和垂直方向的改造设计，对于临建厂房以及影响市容美观无保留价值的建筑予以拆除，并进行新的空间围合和商业业态分布规划。

1. 建筑屋顶改造

2. 建筑立面改造

3. 沿街建筑立面改造

元素：岭南元素、工业元素。智能：太阳能—电能。功能：整合空间、展览、休闲娱乐。

4. 建筑功能改造

建筑过于拥挤，厂房多为临时建筑，通过对建筑的整合删减、建筑改造及业态调整，提出建筑内部业态分

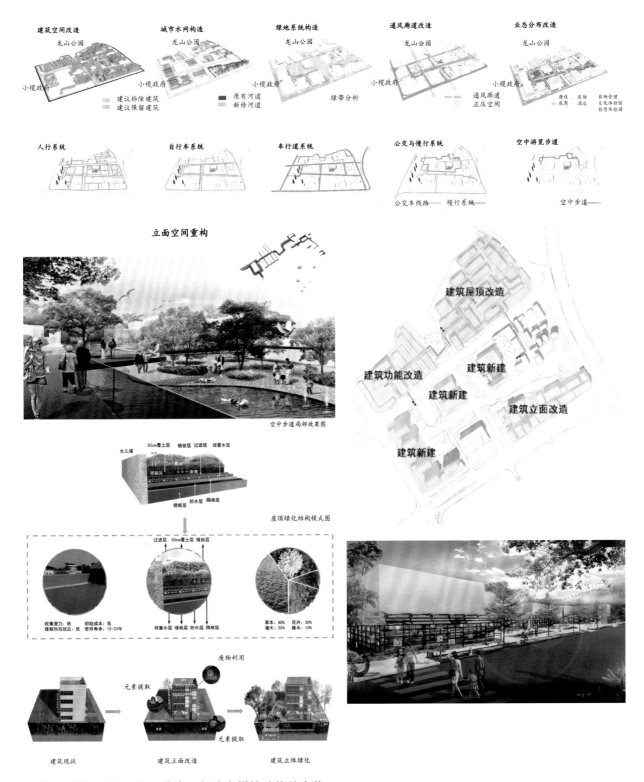

布模式。通过垂直空间的分布，打造多样性功能综合体。

5. 建筑新建

11.2.4 绿色覆盖计划

场地绿地系统由点及线，由线到面，充分与小榄镇的绿地系统融合，为场地居民提供一个环境良好、绿网覆盖的人居环境。

1. 社区农业体系

绿色覆盖计划主要是设计了社区农业的体系。

（1）轻型可移动屋顶绿化体系

社区农业体系中，为临时使用空间提供生态修补解决方案，既可为临时建筑节能降耗，又可在后期将屋顶绿化植物重复利用，在屋顶上形成的斑块绿地，将该地块单元的绿地与龙山公园绿地完美融合，从而优化提升了龙山公园高视点东南方向俯瞰景观的品质。

（2）社区农业体验温室

（3）道路绿地体系

2. 居住区绿地体系

居住区绿地体系是绿地面的体现，在居住绿地中设计了片状绿地，不仅打造出了宜人的人居环境，也为居民提供了绿色自然的活动场所。此外，我们对居住区一个单元建筑体块进行了微气候模拟，通过流体力学模型，分析了此区域居住微气候环境，为打造美丽人居的居住环境提供了指导。

居住区中心绿地平面图

居住区单元绿地平面图

11.2.5　水系安全计划

水系安全计划主要通过水网构建、水系驳岸改造、街道雨水处理模式、人工湿地水体净化模式，改善场地内的水系污染情况，丰富水体景观。

1. 水网构建

依据场地需求开通水道与原有水道相连，提升城镇水系稳定性，同时延续小榄"水色匝"特色风貌。并针对场地内现存的不同水问题，提出不同解决策略。通过水体净化，雨水游园，雨水循环再利用等模式净化场地雨水，同时通过驳岸改造等方法提升水系景观效果，增强城镇吸引力。

2. 水系驳岸改造

3. 人工湿地水体净化模式

（1）潜流人工湿地

潜流人工湿地植物主要有水烛、灯芯草、芦苇、风车草、宽叶香蒲、黑三棱、荠菜、水葫芦、风眼莲等。

（2）表面流人工湿地

表面流人工湿地植物主要有再力花、风车草、红花美人蕉、圆币草、苦草、黄菖蒲等。

（3）景观水体

外来引入水经过一层潜流人工湿地和两层表面流人工湿地，净化了水体。植物选择了荷花、萱草、花蔺等开花水生、湿生植物。

4. 街道雨水处理模式

11.2.6　植栽生态计划

城市植栽生态计划主要通过以下四大计划，通过植物来改善小榄街区的一些土壤污染，渗透菊文化，营造良好的居住环境，蓄留雨水等目的。

1. 土壤修复植物策略

综合分析场地内的污染情况，在旧工业商业区的土壤为轻度污染，包括一些重金属污染，采取两种治理方式：一是生物修复，二是将污染物土壤封存于硬质铺装下。

2. 植物种植策略

3. 菊文化展示植物策略

小榄人喜爱养菊、赏菊，本次设计选取了丰富的菊科品种，花期贯穿全年，让小榄镇四季均可欣赏不同的菊科花卉，种植形式多样，主要以片植、丛植的形式种植在街边绿地、滨水绿地及居住区绿地，形成花境、花溪等景观。

4. 蓄水型植物群落植物

将强蓄水能力、中蓄水能力、弱蓄水能力三个等级的园林植物在种植区内复合种植，形成复合混交植物群落。该群落包括水平结构和垂直结构，在起到蓄留雨水和削减地表径流作用的同时也能够有良好的景观美学功能。

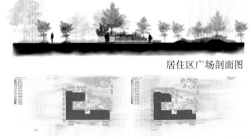

居住区广场剖面图

居住区微气候模型 - 冬季分析　居住区微气候模型 - 夏季分析

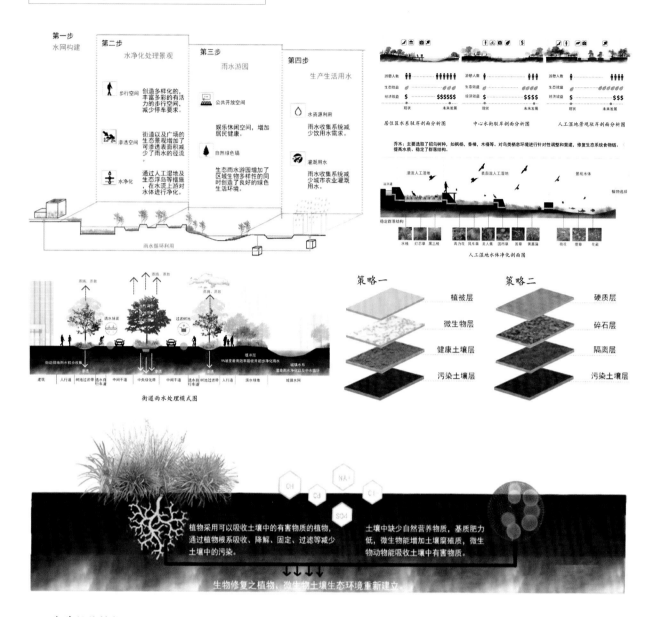

康养保健植物
主要栽植于居住区，给人们提供一种养生、缓压，配置优美的居住环境

通过五感刺激调节人体机能　

三色堇　一串红

通过植物色彩调节人体机能　

海棠（红）桃（红）凤凰木（红）旱金莲（橙）蜡梅（黄）木槿（蓝）紫藤（紫）

通过气味调节人体机能　

银杏　香樟　桂花　茉莉　金银花　天竺葵　栀子　薄荷

抗性植物
主要栽植于商业区，选取了抗性较强，能吸收污染物的植物品种。

人面子　龙柏　罗汉松　樟树　蝴蝶果　腊肠树　串钱柳　夹竹桃

非洲凤仙　孔雀草　菊花　四季海棠　金银花

可食性植物：

　　主要栽植于社区农业区。为人们提供了种植可食植物的场所，增强了人们的参与体验性。典型植物示意：芒果，扁桃，红杏，农场内部白菜，豆角，辣椒，黄瓜等。

杠果　　扁桃　　红杏　　白菜　　豆角　　辣椒　　黄瓜　　胡萝卜

水体净化植物：

　　滨水绿地的植物配置能绿化景观，柔化水岸、美化水体。

水杉　　落羽杉　　枫杨　　池杉　　湿地松　　荷花　　水竹　　芦苇　　香蒲

泽泻　　芡实　　睡莲　　荇菜　　慈姑　　浮萍　　鸭跖草　　萱草　　花蔺

	Jan.	Feb.	Mar.	Apr.	May	Jun.	Jul.	Aug.	Sept.	Oct.	Nov.	Dec.

矢车菊　*Centaurea cyanus L.*

白晶菊　*Chrysanthemum paludosum*

木春菊　*Argyranthemum frutescens(L.)*

黄帝菊　*Melampodium paludosum*

非洲菊　*Gerbera jamesonii Bolus*

金盏菊　*Calendula officinalis*

万寿菊　*Tagetes erecta L.*

硫华菊　*Cosmos sulphureus Cav.*

银叶菊　*Centaurea cineraria*

荷兰菊　*Aster novi-belgii*

瓜叶菊　*Pericallis hybrida*

花环菊　*Chrysan-themum carinatum*

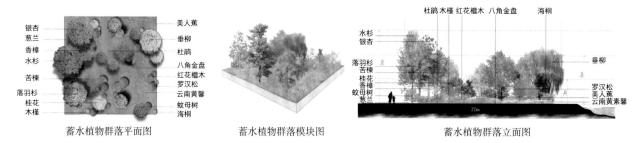

银杏　葱兰　香樟　水杉　苦楝　落羽杉　桂花　木槿
美人蕉　垂柳　杜鹃　八角金盘　红花檵木　罗汉松　云南黄馨　蚊母树　海桐

蓄水植物群落平面图

蓄水植物群落模块图

杜鹃　木槿　红花檵木　八角金盘　海桐
水杉　银杏　落羽杉　苦楝　桂花　香樟　蚊母树　葱兰
垂柳　罗汉松　美人蕉　云南黄素馨
20m

蓄水植物群落立面图

未来，我们期待一个"小榄文创艺术特色小镇"的完美呈现

生态智慧　　　　　文化智慧　　　　　科技智慧

鸟瞰图　商业社区综合体　智能农业中心　文娱体验中心　智创产业园区　游憩空间

11.3 规划愿景

通过生态修复和城市修补的一系列手段，改善街区环境质量，恢复城市自然生态环境，完善城市绿地系统，解决水安全问题，构建安全街区环境。同时延续人与自然、历史的关系，延续场地文脉，展示场地水文化、菊文化，通过强调新与旧、传统与现代的对比，达到文化的传承与延续。通过产业更新，优化产业结构，围绕工业品设计、服饰设计、动漫设计、包装品设计、书画工艺品创作、菊花产品、展览展示、媒体传媒等产业链，大力发展文化创意产业，引入文化创意等相关新业态，置入商业元素，激发活力和竞争力，成为小榄创新的硅谷。

11.4 专家提问与点评

北京林业大学副校长李雄：方案做得很好，也看的出你很努力。我就有一个简单的问题，在方案里应用了很多类型的植物，其中就选择了中山小榄非常有名的菊花。那我想听听你们是怎么选择菊花作为植物配置之一的，当中有什么考量？

西北农林科技大学参赛代表李英奇：老师您好！因为我们知道在中山小榄有很浓厚的菊文化，当地也是主要以菊花展的形式来展示菊文化。我们考虑的点就是，能不能换一种方式来体现菊文化。例如通过一些菊品种的引入，来打造一些花溪、花景等景观，避免人们只能从菊展中看到不同类型的菊花，而是可以在日常生活中就可以看到这些菊花，将菊文化渗透进来。我们在选菊科品种时，查阅了大量的资料，听取了很多老师的意见，筛选出了能够从1~12月都可以生长开花的菊科品种来配置，让人们能够一年四季都感受到美丽的菊花及其菊文化。

同济大学风景园林学科专业学术委员会主任刘滨谊：你们这个"空间·重述"的题目非常好，但我们是风景园林专业的，风景园林的空间跟建筑学的空间是有差别的。方案的构思和阐述都很好，但是在方案中对于风景园林最擅长的"公共空间"有点欠缺。在此，我想说一个自己的观点让大家共勉：无论是做规划、做设计时，风景园林应该要发挥作用，除了植物方面，还需要在城市、乡村、小镇的公共空间方面，应该更加要做好。因为这是我们最擅长的，我看你们都很认真，方案想得都面面俱到，但是恰恰将自己最擅长的忽略了，我觉得这是需要注意的，也是我们应该好好发挥的。

西北农林科技大学参赛代表关之晨： 首先我们的题目"空间·重述"里所指的空间不单单仅限于活动空间。这里为空间提出了三个概念：生活空间、生存空间和精神空间，它们分别对应的是生态问题和场地活动问题，以及文化传承的问题。其实，老师您说的公共空间的不足，可能是我在讲解过程中未能阐述清楚。其实在场地设计时也考虑到了公共空间构建的问题，所以场地里很多空间都是打开的。例如场地内的文体中心区域，只设置了一个中心建筑，而周围的空间都是开放的；还有跟新开水道进行延续，整体水网的构建及周边的空间都是开放的。我们也思考到风景园林在城市建设中到底能起到什么作用，也考虑了不同的设计思路，最后我们归结于特色是场地情怀。我们认为特色小镇有很多，发展模式有很多，产业结构也有很多，但是让场地区别与其他地方的元素是这里的人对这个场地的记忆，所以我们希望通过打造一个开放空间，解决城市问题的同时也能够让人民参与到这个空间中，从而让人民对这个地方产生回忆，借此让这个地方变得与众不同。

12 CHAPTER

浙江农林大学：一"揽"成林
——菊城智谷核心区概念规划

获得奖项：

最佳植物设计奖。

设计方案概述：

本次设计意在为小榄收揽人才，打造放眼望去皆为林的小榄特色小镇核心区。整体规划以生态河道作为景观的主轴线，中心绿地为核心，建立沿街文化创意区、生活配套区、商务办公区以及研发生产区等四个区块。以点线面的形式布局整体生态，并对整个区进行了详细的植物景观规划。

指导老师：晏海

副教授，博士，浙江农林大学风景园林与建筑学院老师。现主要从事园林生态与植物景观规划设计方面的研究工作。

武诗婷

风景园林专业硕士研究生

独白：憧憬并努力成为真正的风景园林设计"狮"。

赵亚琳

风景园林专业硕士研究生

独白：永远保持年轻，永远保持前进。

鲁攀力

风景园林专业硕士研究生

独白：爱生活爱设计，偶尔矫情略闷骚，现实的理想主义者。

王明鸣

风景园林专业硕士研究生

独白：志当存高远。

12.1 规划背景

12.1.1 园区初印象

初认小榄，北靠龙山，四周环水的小榄是一座宁静安详又底蕴深厚的小城镇。站在街头，我们就能够看到龙山公园的腾龙阁。虽然河道的水质并不是特别的清澈，但它依旧以一个非常静谧的姿态去守护着这座小城镇。

12.1.2 项目思考

2017年中山市政府门户网站公布了中山首批18个市级特色小镇创建名单，小榄菊城智谷小镇等5个小镇宣告正式动工，标志着中山市的特色小镇建设工作进入实质性阶段。

智创升级引领区就是要瞄准工业升级需求、激发工业创新。那么，我们为什么要将小榄核心区建设成智创升级的引领区呢？因为，现在小榄拥有多元但是模式低端的各色产业，产业面临升级，现状亟待改造。

针对打造智创产业园区的一些问题，团队在街头随机采访了一些路人，有网络公司员工、咖啡店老板、汽修厂员工、五金店老板娘、未来艺术工作者、当地居民、外地迁入居民。

以下是关于"为什么要打造智创产业园区"的一些采访片段，"我觉得可以多种一些低矮的灌木，现在外面的树很高，汽车尾气、噪音都会直接进到店里""我来自浙江，小榄的文化底蕴很深厚。我希望这里可以多一些展览空间，可以多举办一些有创意的活动""我是广西人，在这边工作。比较喜欢去附近的龙山公园、江滨公园游玩。我觉得这一带环境还是可以的""我既希望这里能快速发展，也担心日后的租金问题，这里火起来之后，必然带来租价上涨"。

以下是关于"要打造什么样智创产业园区"的一些采访片段，"我希望智创园区，能有便捷安全的公共交通，每天能方便、准时地到达公司，步行的环境能舒适一点""我们要有地方聊天和聚会""我希望这里能享有便利的商业设施和健身设施，要够热闹""我们希望园区里，能有一个舒适的办公环境，内部能够有交流的场所，并且要有很方便的日常配套""智创园区最好能看起来漂亮点吧，能有草地、河流、广场，有新鲜的空气"。

他们表达了自己对小榄镇居住舒适度的看法，对本次的设计具有重要的借鉴作用。

团队试图利用多种生态策略，以创造舒适的环境为主旨，吸引高端人才，以智创带动小榄经济的发展，形成智创产业的孵化基地。希望打造一个集创客

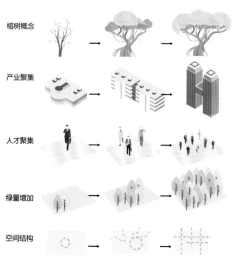

榕树概念

产业聚集

人才聚集

绿量增加

空间结构

空间、生产空间、生活空间、游憩空间以及办公空间的五位空间综合体。

12.2　现状解读

团队从多方资料调查出小榄镇目前存在的问题，虽然目前居民生活品质有所提高，但是还有很多需要改进的地方。主要的问题有以下几方面：一是建筑立面破旧，建筑密度相对过大，缺乏当地特色；二是绿地量不足；三是河道水质较差；四是景观性较差，特别是街道景观性较差。

基于以上现状，团队从各个方面思考了下列一些问题。交通方面，如何合理组织交通流线，处理好人、车关系？建筑环境方面，如何打造多元化的复合型园区，以适应创新创业人群的需求？公共服务设施方面，如何改进创新空间，增加创新服务和创新配套功能，激发人们从事创造性工作的动力？城市空间方面，如何通过城市设计手段，提升城市空间品质，凸显生态景观特色？产业发展方面，如何进一步促进创新产业的高效集聚，并孵化出完整的创新链，生长出一批强势产业？

12.3　规划概念

12.3.1　案例调查

在开始本区的规划之前，希望通过一些经典小镇的规划案例，吸取一些经验。

1. 荷兰埃因霍温高科技园区

项目地点：荷兰；占地面积：2hm²；建筑面积：7.3万 m²，其中地上面积约2.85万 m²，地下面积约4.45万 m²。项目概况：2013年，福布斯杂志将埃因霍温高科技园区评为世界上最智慧的园区，因该地区每平方公里的人均知识专利数居世界第一，远超位于第二的硅谷。

可借鉴的经验：

- 园区设计"开放式创新"和"创造交流的空间"，并将建筑融入到优美的景观中。
- 景观作为设计的主导，连接人与建筑，园区内部是步行空间。
- 绿色低碳的智能移动计划、慢行轨道系统、汽车共乘系统。

2. 梦想小镇

项目地点：杭州；占地面积：347hm²。发展定位：梦想小镇定位为互联网创业，推动"互联网创业小镇"和"天使小镇"双镇融合发展，实现线上与线下互动、科技与资本共舞、孵化与投资结合，成为浙江省互联网创业的新空间、经济新增长点。

产业导向：

- 互联网小镇—以集聚互联网创业企业为特色，鼓励大学生创办信息服务、软件设计、大数据、电子商务等企业。
- 天使小镇—以培养和集聚天使基金为主要特色重点发展科技金融、互联网金融、股权投资管理机构，构建覆盖企业发展各个不同阶段的金融服务体系。

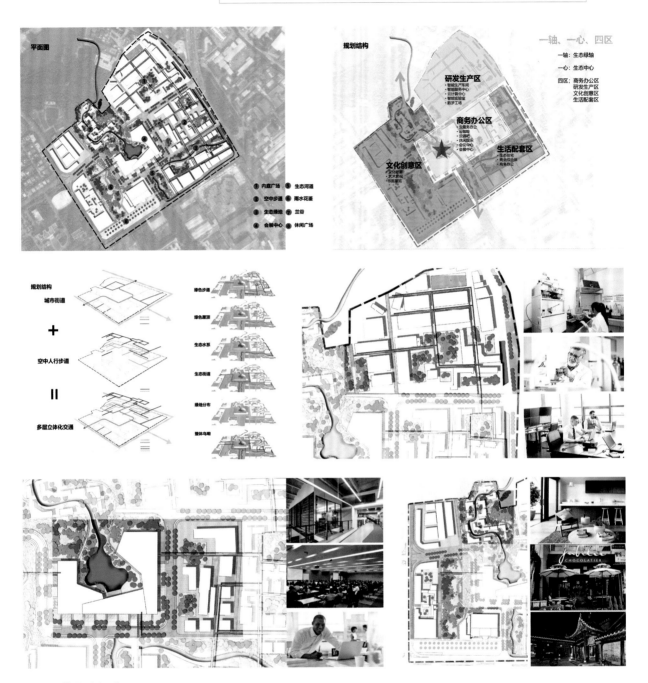

可借鉴的经验。

· 　充分利用现状水系，打造内聚式景观场所空间，很好地汇聚人气。

· 利用原有厂房建筑改造为商业、办公建筑，立面新颖，材质朴实，同时创造良好的内部办公及商业空间。

12.3.2　规划理念

定位：城镇生态新典范、一站式生活家园、产业升级发动机。

愿景：助力产业孵化升级、创造居民宜居宜业、促进城镇有机更新。

12.3.3　概念生成

本次设计的主题是"一揽成林"，揽即"收揽"，意为小榄收揽人才，汇聚资源。揽亦谐音"览"，意在打造放眼望去皆为林的小榄特色小镇核心区。

以乡土植物榕树作生发点，取榕树生生不息的概念，抽取榕树模型营造整体空间架构。通过景观空间的营造，进一步促进人才、产业、资金的聚集。通过绿化提升，促进人与自然的和谐共生，传播生态理念。

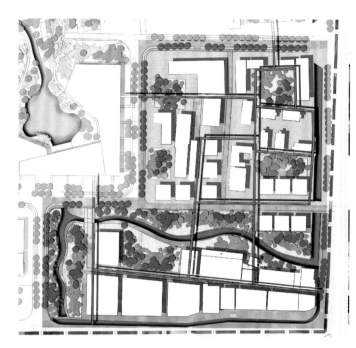

12.3.4 规划结构

以生态河道作为景观的主轴线，中心绿地为核心，建立沿街文化创意区、生活配套区、商务办公区以及研发生产区等四个区块。

通过城市街道和空中人行步道打造一个立体的交通系统，形成立体的共享交通生态网络。

1. 发生产区

地块紧邻龙山公园，景观资源优势明显，规划充分利用现状工业建筑、地形高差，进行适度改造，同时延续园区的空中步道系统，利于营造舒适、安静、安全的办公研发环境。整体布局呈现围合式，强调人与人之间交流的空间，以中小体量的建筑肌理为主，以便有效地融入周边环境景观。

2. 商务办公区

位于基地地块核心区，为整块基地的总部商务核心，其内部聚集商务办公、休闲商业、金融服务等多种业态，同时又兼具休憩娱乐功能，放大湖面景观和带状河流景观带相互集合，作为水体净化的核心枢纽，形成良好的景观环境。大尺度肌理与小尺度肌理相结合，景观渗透建筑，作为核心区，能使土地价值得到最大化的同时，拥有最佳的景观。

3. 文化创意区

规划对空间进行合理的划分和组织，既满足现代建筑形式的追求也保留了工业建筑，尊重了当地的现状。将自然渗透进创客空间，使办公环境更加生态，增加人们与自然接触的机会。

4. 生活配套区

基地东靠升平东路，是整个基地的门户景观区域，其内部聚集小型办公、休闲商业、休憩娱乐功能于一体。规划通过线性步行空间及空中步道系统切割分化，同时结合滨水空间布置广场开敞空间。建筑以中等尺度肌理，在围合院落的基础上进行衍生、裂变，并重新组合，打造园区舒适安逸的氛围。

12.4 实施策略

12.4.1 生产

希望通过对环境的塑造，高水准的服务

条件以及一部分高新产业的引领，带动产业的发展，完成产业的转型。

将山水、建筑、产业、人本、传统等文化活化起来，让小镇更加具有生命力，让活力再生，促进产业转型和发展。

12.4.2 生态

以建筑单体为点，河道为线，建筑组团为面，点线面规划整体生态。

1.建筑单体

从点开始，采取最基础的建筑单体策略。在对小榄镇建筑现状进行分析后，团队认为本区很多建筑立面的风貌不够完善。针对此现状，有以下策略：

- 采取生态植入建筑的方式，将破败的建筑立面进行绿层覆加。
- 对二、三层建筑采取一层架空的方式。
- 在三、四层建筑顶层做小型的绿化空间。
- 高层建筑增加遮阳百叶，对其采光进行规划和设计。
- 屋顶绿化。

对雨水收集和能源利用的策略如图。

2.建筑组团

将建筑进行组团式整体改造，通过增加中庭绿化和建筑间的空间连廊以及在建筑顶端进行整合，把零散的建筑化零为整。整体打造，促进交流。

3.生态街道

随着城市社区寻求创造可持续的，适应力强而又美丽的公共空间，主街设计成为21世纪的一个重大挑战。园区街道的目标是在对以交通为导向的工作与居住环境混合使用的基础上建立自己的生态系统。设计的方法是把走廊重新塑造成生态廊道，并且利用都市化的街景——景观建筑，生态工程，公共空间配置，临街系统以及其他的城市景观元素。

目前的街道是基于车的尺度规划，忽略了人步行的舒适和安全。人行步道不连贯，局部地段甚至要绕至机动车道，人流、车流产生矛盾。

因此，本案要塑造公共空间，解决人车矛盾。在机动车道和人行道中设置绿地，就可以使各项活动空间可以相对分离，人流、车流互不干扰，相互联系。同时，利用生态手段，使分隔绿带结合城市排水系统，让雨水迅速收集、排出。

4.生态河道

以生态为纽带，用植物过滤，疏导泄洪。在这个线性河道设计中，规划后的河道穿城而过，通过

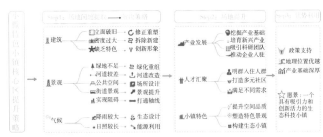

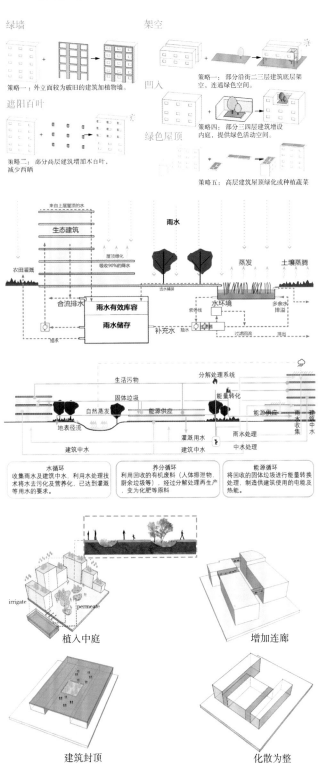

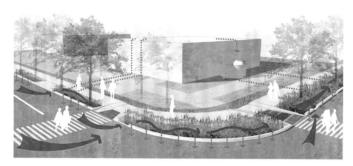

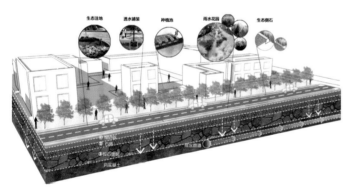

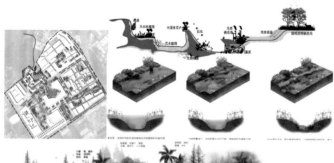

水系的延伸，把小镇链接至龙山公园。通过对场地进行微调，让水流活起来，加上植物对水体的净化，做出一些湿地、洼地、驳岸等。

12.4.3 植物景观

团队对整个区进行了详细的植物景观规划。

1. 基调植物与骨干树种

把中山市的市树——凤凰木、市花——菊花定为基调植物，把常见的本土乔木定为骨干树种，如白玉兰、榕树、秋枫、香樟、凤凰木、巨紫荆、棕榈植物等。

2. 植物景观类型

- 绿色生态，乡土树种打造生态小镇，绿色风光城镇。
- 繁茂花城，选择多种开花树种，打造繁盛花城。
- 热带风情，棕榈植物的选择，打造热带风情城镇。
- 芳香怡人，芳香树种打造四季飘香城镇。
- 可食果园，利用可食果树打造出果实丰硕城镇。

3. 植物主题设计

蔬菜植物、水生木本、白兰飘香、棕榈植物、水花园植物、菊花、紫荆、垂直绿化、榕树、木棉、果树、多浆果植物等具有当地代表特色的12种植物类景观主题：

4. 植物景观层次设计

从空间策略方面着手规划。

- 单层结构（浅蓝色部分）：单层植物结构主要用于行道树。
- 双层结构（深紫色部分）：乔木＋草坪或灌木用于水花园、湿地。
- 三层结构（红色部分）：乔灌草结构主要用于研发生产区。
- 复合结构（浅紫色部分）：复合植物景观主要用于居住区。

5. 植物景观色彩设计

本区的色彩设计，主要分为四种颜色。有紫色系的野牡丹、兰花、假连翘，黄色系的蒲桃、黄花槐、双荚决明，红色系的红绒球、炮仗花、红桑，还有白色系的降香黄檀、白兰、九里香等植物。

6. 植物景观季相设计

根据植物的季相变化去做规划和设计。

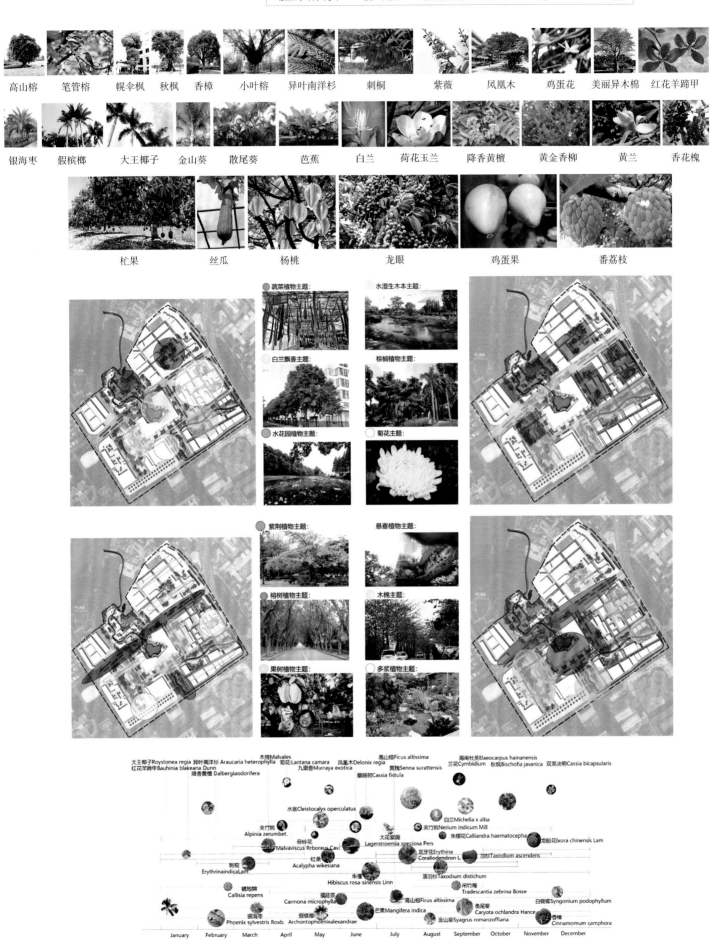

高山榕　笔管榕　幌伞枫　秋枫　香樟　小叶榕　异叶南洋杉　刺桐　紫薇　凤凰木　鸡蛋花　美丽异木棉　红花羊蹄甲

银海枣　假槟榔　大王椰子　金山葵　散尾葵　芭蕉　白兰　荷花玉兰　降香黄檀　黄金香柳　黄兰　香花槐

杧果　丝瓜　杨桃　龙眼　鸡蛋果　番荔枝

蔬菜植物主题：
水湿生木本主题：
白兰飘香主题：
棕榈植物主题：
水花园植物主题：
菊花主题：

紫荆植物主题：
悬垂植物主题：
榕树植物主题：
木棉主题：
果树植物主题：
多浆植物主题：

大王椰子Roystonea regia　异叶南洋杉 Araucaria heterophylla　木棉Malvales　菊花:Lantana camara　凤凰木:Delonix regia　高山榕Ficus altissima　海南杜英Elaeocarpus hainanensis　兰花Cymbidium　秋枫Bischofia javanica　双荚决明Cassia bicapsularis
红花羊蹄甲Bauhinia blakeana Dunn　九里香Murraya exotica　黄槐Senna surattensis
降香黄檀 Dalbergiaodorifera　腊肠树Cassia fistula
水翁Cleistocalyx operculatus
夹竹桃　　　　　　　　　　白兰Michelia x alba
Alpinia zerumbet.　　　　　夹竹桃Nerium indicum Mill
悬铃花　　　　大花紫薇　　　　朱樱花Calliandra haematocepha　龙船花Ixora chinensis Lam
Malvaviscus Rrboreus Cav.　Lagerstroemia speciosa Pers
红桑　　　　　　　　　龙牙花Erythrina　　龙杉Taxodium ascendens
刺桐　Acalypha wikesiana　　　Corallodendron L.
ErythrinaindicaLam　　　　　　　　　　落羽杉Taxodium distichum
朱蕈　　　　　　　　　　　　　　　　吊竹梅
铺地锦　　　Hibiscus rosa-sinensis Linn　　　　　Tradescantia zebrina Bosse
Callisia repens　　　　　　　　　　　高山榕Ficus altissima　　　白掌蝶Syngonium podophyllum
福建茶　　　　　　　　芒果Mangifera indica　　　　鱼尾葵
Carmona microphylla　　　　　　　　　　Caryota ochlandra Hance　香樟
银海枣　　假槟榔　　　　　　　　　金山葵Syagrus romanzoffiana　Cinnamomum camphora
Phoenix sylvestris Roxb.　Archontophoenixalexandrae

January　February　March　April　May　June　July　August　September　October　November　December

12.4.4 生活

1. 人群分析

团队把小榄镇未来的人群分为精英人群（企业高管、领衔专家）、基础人群（职工、白领、学生）和创客人群三大类。不同人群对生活的需求不尽相同，如高管需要休息、职工需要活力、创客需要交流空间等，他们每天的生活都不尽相同。

第一类是由企业高管、领衔专家组成的精英人群，其中，有组织的项目研发人员需要固定的科研地点，对信息获取及交流、学术交流有强烈需求。大量的工作和学习时间占据了他们的生活。此类人群专业性强，工作强度大，生活压力大，休闲时间少。属于高学历、高收入、学术型人群。他们既需要办公室、学术中心、品质住宅、餐饮交流等空间，又需要带有文献资源、运动健身、科教文化等的场所。

第二类是由科技白领、高校学生、产业职工等组成的基础人群，他们围绕精英人群，提供人力资源、中心制造、配套服务等相关服务。此类人群数量庞大、需求多元。需要零售餐饮消费、宿舍住所、灵活工作场所、文化艺术、运动场所、休闲娱乐等空间。

第三类是年轻人为主体的创客人群，他们具有知识储备丰富、冒险精神、职业多样化、核心团队稳定等特征，他们的日常活动没有规律，也没有明确的时间节点，此类人群工作与生活相互交融，不受空间的限定，有极强的信息获取需求和强烈的交流需求。他们需要小户型、SOHO公寓或者LOFT公寓等居住空间，24小时便利店、24小时书吧、24小时图文制作、24小时快餐店等便捷空间以及酒吧、健身房等休闲空间。

团队试图通过人群的互动保持小镇活力，因此，要为他们创造不同的空间。

2. 时间分析

3. 空间模式

基于使用人群，分为四种空间类型，让空间多元，功能多样。

- 围合型的交流空间，利用建筑围合形成内庭空间，以连廊相连形成内聚式交流空间。
- 上升型的办公空间，以高层建筑作为办公空间，打造制高点，增强场地控制感。
- 共享型的生活空间，利用井字形建筑排列方式，形成尺度亲人的街巷商业街。
- 自由型的创客空间，利用自由的建筑布局，形成自由的创作空间，激发创作灵感。

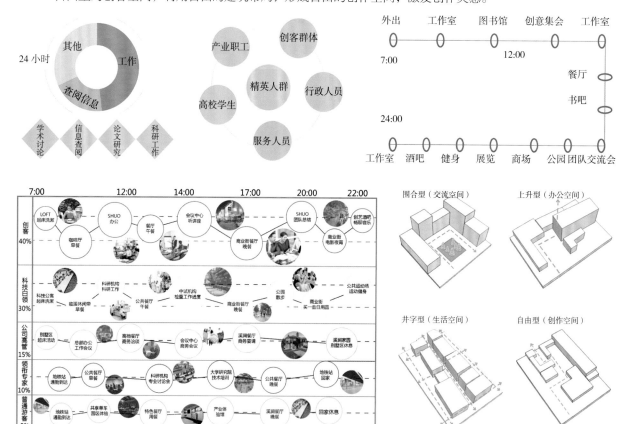

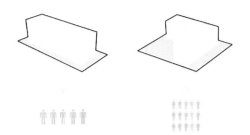

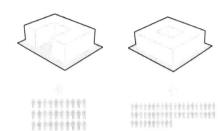

另外，考虑到受众群体做成以下四种基本的建筑类型：

- 5 人以下的年轻初创型工作室。为刚毕业的怀揣梦想却又囊中羞涩的年轻人提供实现梦想的第一步。

- 15 人以内的有基本基础的小型工作室。为已经有了一定基础的梦想人，提供一个开始梦想的小平台。

- 30 人以内的进入稳定发展期的小型公司。为已经渡过初创阶段，刚刚进入稳定发展期，由工作室进阶至小型公司的梦想人们提供基础完备的工作平台。

- 50 人以内的稳定期的小型公司。为稳定发展的小型公司里的梦想人们，提供环境更加好，租金却并不高昂，功能完备，可以帮助梦想人们实现更大的梦想之处。

行走　　　　　　　　　　绿化

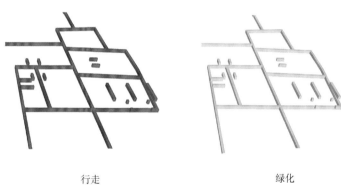

西立面

北立面

4. 步行高架

灵感来源于中山地区极具特色的骑楼空间和20世纪五六十年代的共享过道，将这两种结构结合起来，形成空中廊道，可以缩近人与人之间的距离，让大家不再被高墙隔断交流。

简而言之，就是抽取当地建筑形态形成空间连廊网络，形成廊上廊下多重空间，各成系统。廊上行走空间沟通各组团建筑群，方便步行。廊下空间模仿骑楼空间形态，阻挡日晒和雨淋，形成适于行走的下层空间网络。上下层空间之间通过垂直交通联系，形成完整的系统。

这些廊道不仅起到重要的联通作用，方便行走，而且也是生活交流交往的平台，生动而有趣的生活场景将在这里上演，原本闭塞的交流变得活泼起来。

通过串点成线和生态绿网覆盖，为整体城镇创造出一个交流网络，打造出绿色、文化、生活三位一体的小榄通廊。

5. 设计立面

通过立面改造，把腾龙阁的景观引到视线轴线上来。

12.5 专家提问与点评

棕榈生态城镇发展股份有限公司董事长吴桂昌：我提个问题啊，就是这个水系，生态与建筑的关系你们是怎样设计的？因为原来的水体是弯弯曲曲的，基本上是不流动的，而且水质很差。项目竞赛设计要求里有对于水系改善的要求，我刚才没有看到关于水系改造怎么促进景观的提升，希望你们结合产业的发展来说一下。

浙江农林大学参赛代表王明鸣：对于这个水系处理，我们首先考虑的是中山市雨洪管理的问题。首先是建筑单体的雨水收集，再一个是建筑组团的雨水收集，还有是利用街道进行雨水收集。有了这样的点线面之后，我们可以通过这样一个水系形成这样一个系统，这是关于生态方面。另外一个是建筑方面的水系关系，方案设计了在靠近龙山公园一侧把水系引到项目基地来，目的就是让山体可以融入园区内部，结合水系做了一个创客空间。

北京林业大学副校长李雄：浙江农林大学的同学非常努力，特别是对这个植物景观，我觉得还是做了很多工作。那我的问题是做这个植物景观很努力，但是到方案规划里到底预留了多少比例的绿地？想知道整个绿地率你们预留了多少，这个可能更重要，这是一个。第二个就是这个方案基本上就是靠红线内的处理比较多一点，这个地方仅仅是小榄镇的一部分，它一定有很多和城市要交融的部分，不管是功能还是景观，或者其他方方面面的，对于这个你们是如何考虑的？

浙江农林大学参赛代表赵亚琳：因为我们毕竟是农林院校出身的，所以我们也很想去把这个植物景观去做好，对于您提的那个意见我觉得我们要学习的地方还是非常多的。然后对于场地和外部环境的沟通的话，我们主要是想着作为小榄镇的一个自创产业园区，对于外部的联系的规划设计还是有所欠缺，这是我们方案不足的地方。

华南农业大学：访菊龙山下

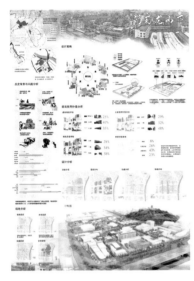

获得奖项：

最佳手绘图奖、最佳生态理念奖。

设计方案概述：

特色小镇的特色在于其资源禀赋，中山小榄镇最大的特色莫过于其在生活、生产、文化等方面都与菊花有着密不可分的联系。因此本方案设计策略：第一，取菊花凌霜傲雪的拼搏精神构建科技发展平台；第二，取菊花"悠然东篱下"的生活意趣构建菊文化社区。

指导老师： 张文英

华南农业大学林学院风景园林与城市规划系教授、硕士生导师。棕榈生态城镇发展股份有限公司副总裁，棕榈设计有限公司董事长，城市规划博士，风景园林教授，美国宾夕法尼亚大学高级访问学者，美国景观设计协会(ASLA)会员。

林尚江峰

风景园林专业硕士研究生

独白： 耐心地与场地进行交流，大胆地提出设想，谨慎地着手设计。好的设计就应该想到，做到，做好。

张文祎

风景园林专业硕士研究生

独白： 充分了解场地的文化背景、自然条件、经济价值，做出适合人需要的可持续的设计。

陈赓宇

风景园林专业本科

独白： 设计是人类营造生活环境并不断把它们完善的智慧。好的设计，是使人们生活更舒适的设计。

涂若翔

风景园林专业硕士研究生

独白： 用心看场地与万物的价值，用风景园林的手描绘未来。

13.1 项目背景分析

13.1.1 项目区位

场地位于广东省中山市小榄镇，小榄镇是中山的工业重镇，改革开放以来的发展使小榄镇积累了厚重的工业基础，目前在粤港澳大湾区联动发展的背景下，小榄迎来了新一轮发展契机。场地位于小榄镇的镇政府、海港城、京珠高速、龙山公园之间，自身的位置优势使其成为未来小榄的门户。

13.1.2 小榄镇发展历程

13.2 项目业态规划

（1）打造小榄镇综合科技服务平台

（2）扩展中山工业设计园区，促进镇企工业设计能力提高

（3）扩展小榄镇菊花文化外延，打造小榄菊花品牌

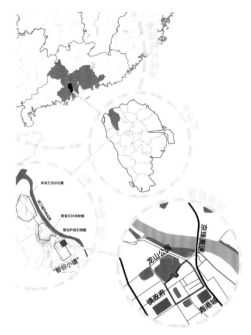

13.3 场地现有问题分析

13.3.1 现状问题

通过对场地的充分调研、资料分析和走访当地居民，发现了场地存在的一系列建设发展难题：场地内业态混乱、低端，极大地限制着场地的转型升级；场地内水道和绿地与外界割裂，使场地缺乏特色，无法有效组织居民公共活动，也无法使居民对场地产生文化认同。

（1）以低端制造业为主的业态，与现有定位不合

（2）与周边环境割裂，缺少活动绿地

（3）缺乏场地特色，难以形成场地认同

13.3.2 挖掘场地文化潜能

特色小镇的特色在于其资源禀赋，中山市小榄镇最大的特色莫过于其在生活、生产、文化等方面都与菊花有着密不可分的联系。早在1274年汉民迁徙途中，见此地漫山遍野开满黄菊，遂定居于此，菊花便与小榄人结下了不解之缘。小榄人爱菊，不仅表现在赏菊、种菊、食菊等生活层面，在精神层面，菊花的傲骨更是影响着小榄人敢为人先、积极奋进的拼搏精神。小榄菊文化深受小榄人的认同，随着城市工业的发展，一大批以菊花为商标的企业发展起来，菊花已经成为这座城市的代表，"菊城小榄"这一概念早已深入人心。

13.4 设计策略

13.4.1 置换业态，构建科技发展平台

通过对场地建筑进行多方面评估，对其进行拆建或改造，置换原有地段的业态，并依据周围环境及建筑特点营建会展公园、创意集市、科技服务中心、会务中心、工业设计实验园等公共设施，形成对企业管理者、技术人员、高端人才的服务链，构建小榄科技发展的门户平台。在此基础上植入以菊花为主题衍生出的与人们衣、食、住、行、赏、学、玩紧密相关的完整产业链，打

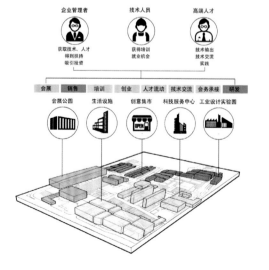

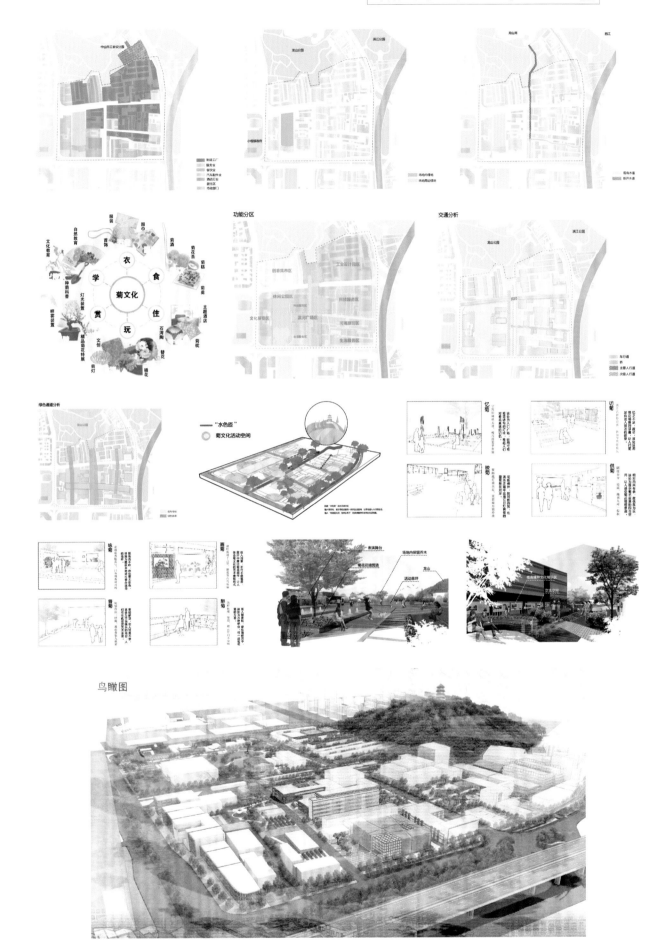

鸟瞰图

造榄商文化的集体名片，形成菊文化特色产业以求发展。

13.4.2　衔接内外环境，营建菊文化社区

在整体环境上对场地内建筑立面进行美化改造，拆除废弃建筑，打通场地与龙山之间的视线通廊，连通龙山至场地的河涌水系，丰富岸线空间，还原小榄"水色匝"的水乡风情。结合工业基础及场地优势，丰富以菊为主题的活动空间与展示空间。将场地营建成以菊文化为主题的城市社区，使菊文化融入到场地使用人群的活动中，提升人们对菊文化的感知，加强对本地菊文化的认同。

13.5　专家提问与点评

广东省城乡规划设计研究院院长丘衍庆：之前提到了关于菊花的一连串的例子，刚才看了你们的方案，将菊花文化体现做了一个阐述，将它放到工业园的规划里。开始看你们的方案，还以为要引入一个新的菊花产业进来，后来发现你们只是作为一个点缀。

华南农业大学参赛代表涂若翔：这个因为时间有点急，其实方案里是以衣食住行为看点去深化菊花产业的产业链，有一部分是我们专业能做的，有一部分专业是我们专业不能做的，因此方案更多的是一种设计规划的概念，也在里面计划了很多内容，比如说种植不同类型菊花、形成菊花文化交流中心等等想法，这些实际上都是基于衣食住行这个需求去实行。

同济大学风景园林学科专业学术委员会主任刘滨谊：我觉得在今天这样充斥商品的世界，你们能这么超脱的去讲菊花，去做菊花。精神难能可贵，也要感谢你们的指导老师。可是你们在落地的时候为什么不能再大胆一点，再超脱一下呢。现在没有这么好的菊花，既然计划一落地，这建筑附近都是菊花，你们为什么不把这些建筑都不要，全部做菊花。你们难道没有这样的方案吗？对于这个竞赛，你们不必像大人一样的，跟老人一样的，还是采用传统的思维。我就不知道你们当初讨论时有没有这种方案。现在你们改造之后还是这么多建筑。那是不是可以多点菊花，谈生态，谈美丽中国呢，谢谢。

14 CHAPTER

华中农业大学：双城记

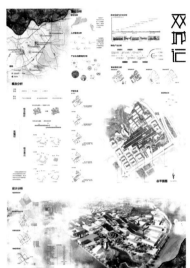

获得奖项：

最佳夜景应用奖、最佳社会责任奖。

设计方案概述：

我们构建了"双城记"的主题——一方面，对建筑与环境空间进行分解与重构，创造功能多元且灵活变化的多义空间；另一方面，以小榄新兴LED智能照明产业为媒介，体现时光的交错与重叠与小镇的历史巨变，同时提供丰富的体验。

指导老师：张斌

教授，博士生导师，华中农业大学园艺林学学院副院长。兼任第三届全国风景园林硕士专业学位教育指导委员会、湖北省风景园林教育专业委员会主任委员、武汉市风景园林学会副理事长、中国风景园林学会风景名胜区专业委员会委员。

高银

风景园林专业硕士。曾获2016中国风景园林学会大学生设计竞赛研究生组佳作奖；2016华中农业大学学术年会研究生学术墙报三等奖；2017中国风景园林学会优秀论文佳作奖；2017华中农业大学学术年会研究生学术墙报一等奖。

梁芷彤

风景园林专业硕士。曾获2016中国风景园林学会大学生设计竞赛研究生组佳作奖；湖北省风景园林学会第六届会员大会优秀论文二等奖。

杨镜立

风景园林专业硕士。曾获华中农业大学学术年会优秀研究生学术墙报奖。

陈楚熙

风景园林专业硕士。曾获2016中国风景园林学会大学生设计竞赛研究生组佳作奖。

14.1 项目背景分析

14.1.1 项目区位

场地位于小榄镇中心区域，西面与小榄镇政府相邻，北面紧靠龙山公园，东面接城市干道——沙口大桥，场地南面靠近城市大型商业区，是小榄特色小镇的中心，以双城记为项目概念，体现小榄向前发展的繁荣以及展示历史文化的双重意向，通过城内城外以及上层下层等多维方面实现双城的概念。

14.1.2 基址分析

区位及周边分析：场地位于广东省中山市小榄镇，在小榄镇的规划中场地属于小榄智谷的智创引领区的中心区域，小榄镇位于珠江三角洲腹地，交通发达，区位经济优势明显，场地毗邻镇政府，北邻龙山公园，是个人流聚集的地方。

1. 历史沿革与文化分析

小榄镇在1980年后由农桑水乡转型为工业化城镇，逐步发展为今天的现代工业强镇。拥有七大支柱产业，分别是五金制品、化工胶粘、印刷包装、服装服饰、食品饮料、电子电器和LED新光源。其中LED新光源是小榄镇未来主导的产业，带领整个小榄产业向智能制造产业转型。小榄镇同样拥有众多的文化，其中菊文化、岭南水乡文化、书法文化、键球文化、产业文化都是小榄镇独具特色的文化。

2. 小榄镇产业生态圈维度分析

一个完整的产业生态圈维度包括政府维、生产维、科技维、劳动维、服务维。小榄镇作为一个工业重镇拥有较为完善的维度，其中服务维较为欠缺，也就是缺少展示、推广、咨询、合作、运销等服务较为集中的地方。

3. 小榄镇人才需求分析

经过数据分析发现小榄镇人才需求主要为以下五类：研发技术人才、专业制造型人才、文化创意人才、企业管理人才、社会工作人才。这决定了场地的服务人群定位主要为高知人才。

4. 场地内部分析

场地内部主要为遗留的工厂厂房以及少量的居民楼、员工宿舍楼。大部分楼房在4层以下。建筑肌理较为规整，但局部较为凌乱。绿地较少，绿化不够。一条从小榄水道引来的水渠从场地穿过。

小榄总结：文化多元、产业多元、人才多元。

基址定位：产业生态服务维、活力创新创业基地、小榄文化展示窗口。

14.2 设计概念

由基址分析我们认识到，小榄是一座具有文化多元、产业多元、人才多元趋势的，极具活力的小镇。

14.2.1 概念分析

项目基址位于小榄特色小镇规划区域的创意产业示范区，同时也是小榄镇极具活力的中心位置，其上位规划与小榄镇产业分布的现状都指出，项目基址适宜承担起小榄镇产业生态圈服务维的角色，同

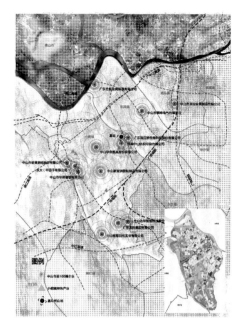

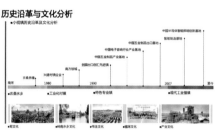

历史沿革与文化分析

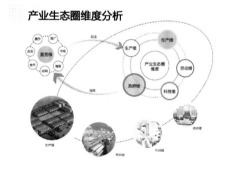

产业生态圈维度分析

人才需求分析

经过数据分析发现小榄镇的人才需求主要为五类，这也决定了场地的定位以及功能要求。

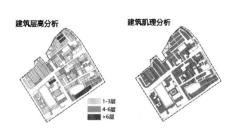

建筑层高分析　　建筑肌理分析

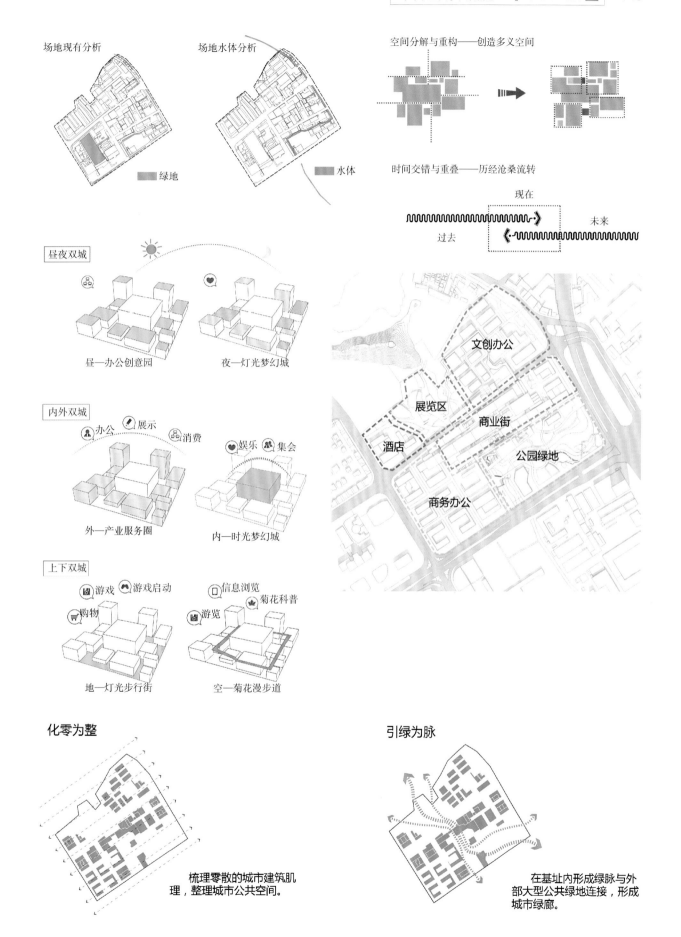

场地现有分析

场地水体分析

■ 绿地

■ 水体

空间分解与重构——创造多义空间

时间交错与重叠——历经沧桑流转

现在

未来

过去

昼夜双城

昼—办公创意园

夜—灯光梦幻城

内外双城

办公　展示　消费

娱乐　集会

外—产业服务圈

内—时光梦幻城

上下双城

游戏　游戏启动

购物

信息浏览　菊花科普

游览

地—灯光步行街

空—菊花漫步道

文创办公

展览区

商业街

酒店

公园绿地

商务办公

化零为整

梳理零散的城市建筑肌理，整理城市公共空间。

引绿为脉

在基址内形成绿脉与外部大型公共绿地连接，形成城市绿廊。

时因其显要的交通区位，还承担有小榄镇文化展示窗口的功能。

基于以上定位，为了吸收与再表达多元而先进的小榄精神，我们构建了"双城记"的主题——一方面，对建筑与环境空间进行分解与重构，创造功能多元且灵活变化的多义空间；另一方面，以小榄新兴LED智能照明产业为媒介，体现时光的交错与重叠与小镇的历史巨变，同时提供丰富的体验。

设计方案以LED照明设备令昼夜的空间功能多义化，形成昼夜双城，在日间作为基本办公单元使用的建筑空间，在夜间照明设备的渲染下，可形成独特的主题空间与展示序列；同时，我们使用巨大的LED穹顶将基址的空间分为"内城"与"外城"，形成内外双城，利用LED穹顶与其下的建筑营造与外城迥异的空间氛围，根据需要表现不同的主题，利用空间氛围与主题的对比体现相应的主题，如古今对比等；我们还设计了穿越整个场地的独特的空中慢行系统，通过游径的设置以及对局部建筑的改造，实现上下双城，提供更丰富的时空体验。

14.2.2　空间布局规划

在设计概念的指导下，我们以下步骤完成了我们的空间布局规划——化零为整，梳理现状建筑肌理，清理零碎细小的现存建筑，整合成为公共空间；引绿为脉，以带状的绿地连接场地周边的大型绿地，增强城市绿地系统的通达性；筑城为山，在中心位置依照现有建筑天际线设计LED穹顶，与龙山形成呼应；祥纹为底，以体现当地文化的回字纹为原形，设计建筑围合与公共空间的形态。

14.3　设计策略

14.3.1　总平面图

14.3.2　宏观层面策略

遵照基址分析结果以及概念的指引，对上位规划中场地用地类型以及比例进行调整，最后用地类型包括公共绿地、商业用地、商住混合用地；旧建筑的处理方式以实验性范式的方式表达，场地东北角以及中心地区的建筑予以保留改造，分别改造为创客空间以及"天之穹"超现实商业体；调整原有交通网络：中央景观大道取消行车、设置地下停车场、架设空中健身跑步道；以中央景观轴为重要节点，连接西北龙山与东部滨水带状绿地，形成绿脉。

14.3.3　中观层面策略

根据景观功能需求及旧建筑特点，分别提出"保留""改建"以及"装饰"策略。其中保留对象包括建筑框架及墙体；改建以切割与结构叠加结合；装饰包括建筑单体材质置换以及建筑间的合并包裹。

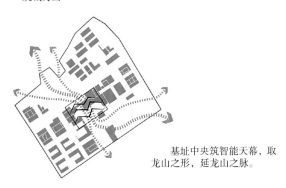

筑城为山

基址中央筑智能天幕，取龙山之形，延龙山之脉。

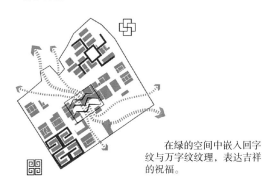

祥纹为底

在绿的空间中嵌入回字纹与万字纹纹理，表达吉祥的祝福。

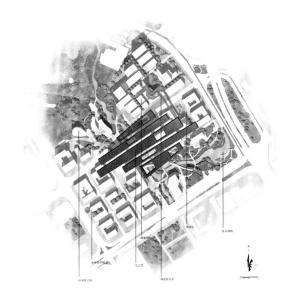

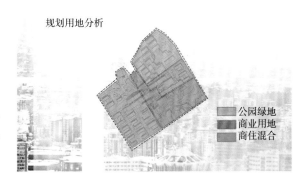

规划用地分析

■ 公园绿地
■ 商业用地
■ 商住混合

新旧建筑对比分析

保留建筑
新建建筑

内部交通分析

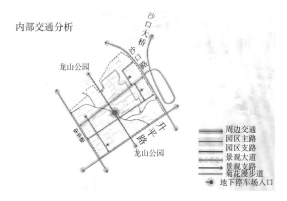

周边交通
园区主路
园区支路
景观大道
景观支路
菊花漫步道
地下停车场入口

绿地系统分析

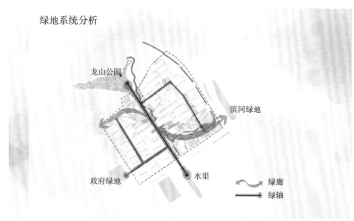

龙山公园
滨河绿地
政府绿地
水渠
绿廊
绿轴

经济技术指标		
总用地面积（hm²）		21.4
其中	商业用地	12.2hm²
	商业混合用地	3.9hm²
	公园绿地	5.3hm²
总建设面积（m²）		187022
其中	酒店	13516
	商务办公楼	41217
	商业街	81008
	展览建筑	5089
	LOFT创意办公居住	46212
容积率		0.87
绿地率		35%
总停车位		1300（0.7/100m²）
其中	地上停车位	300
	地下停车位	1000

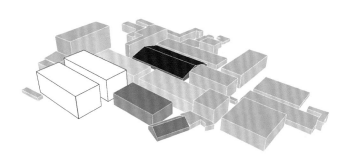

保留策略

保留墙体

保留框架

改建策略

切割

叠加结构

服饰策略

置换材质

合并包裹

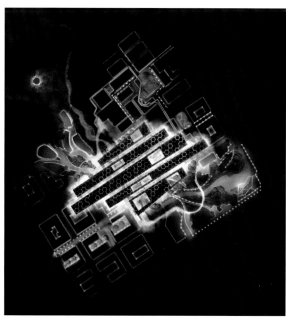

14.3.4 微观层面策略

最大的景观节点"光之穹"，立面形态与龙山呼应，平面形态顺应场地肌理，光窗保证通风及光照。进行高度控制，增强龙山对场地的控制性。材质选用光伏材质，可将光能转化为电能，支持LED新光源的使用。

14.3.5 植物选择

植物选择上主要分为三类：乔木、水生植物、地被植物。

乔木的主要功能是遮阴、观赏以及创造空间，包括蒲葵、香樟、木棉、白兰、大王椰子等；水生植物的主要功能是观赏和净化水质，包括菖蒲、睡莲、慈姑、美人蕉、再力花等；地被植物的主要功能是低维护管理、菊花展示以及屋顶绿化，包括金钱菊、万寿菊、波斯菊、金鸡菊、矢车菊等。在这三类里，还有一种特别的LED植物，即以LED灯打造的植物，可以补充植物种类，弥补季相的缺失。

14.3.6 节点平面图

种类	功能	主要树种							LED植物
乔木	遮阴 观赏 创造空间	蒲葵	香樟	木棉	白兰	大王椰子	海枣	鸡蛋花 羊蹄甲	LED 乔木
水生植物	观赏 净化水质	菖蒲	睡莲	慈姑	美人蕉	芦苇	鸢尾	再力花 花叶芦竹	LED 水灯
地被植物	低维护管理 菊花展示 屋顶绿化	金钱菊	万寿菊	波斯菊	金鸡菊	翠菊	雏菊	矢车菊 百日菊	LED 菊花

菊花小剧场
望菊台
菊花科普台
菊花互动
LED 屏
菊花温室

菊花漫步道平面图

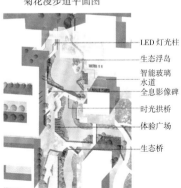

LED 灯光柱
生态浮岛
智能玻璃
水道
全息影像碑
时光拱桥
体验广场
生态桥

中心水轴节点平面图

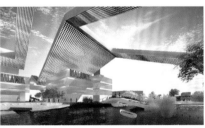

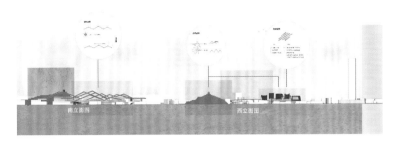

14.5 专家提问与点评

北京林业大学副校长李雄： 华中农业大学同学的方案非常生动，非常有特色。在这里我不提问题了，就想谈一点体会。这个体会并非局限于这个方案的体会，而是学习十九大的体会。我学习了三天十九大，结合这组同学的方案，简单来谈谈几点体会。第一点，作为新时代下风景园林的同学，应该秉承更好地处理生态、生活、生产这"三生"关系的原则，统筹、协调好"三生"的关系；第二点，习近平总书记在多个层面多次强调，要让年轻的一代人懂得敬畏自然、尊重自然，这是一种对待自然环境非常重要的态度，从某种意义上来说，在风景园林的规划过程中，怎样遵循自然之道，是值得思考的问题；第三点，从对待传统文化的态度上来说，我们应该首先明确，风景园林是中华优秀传统文化非常重要的载体，所以应该站在文化的角度上看待我们的职业。对待这种文化，十九大提出：创新性的传承，创造性的发展。这就是我想说的一些体会。

同济大学风景园林学科专业学术委员会主任刘滨谊： 我非常同意李校长刚才说的三点。除了上述三点外，我还想提出一点。在新一轮的特色小镇打造，需要注意的有好几点，但是其中一点，就是要尊重生命、要尊重人。在规划设计里具体体现就是尺度和空间。这组同学的方案，"双城记"的概念很好，在这个概念下，落实到空间上就更好了。例如方案里，建筑的屋顶是多长等，我们不要追求现代化的城市方案，要注重我们风景园林专业的人居环境建设。

华中农业大学参赛代表高银： 刘教授提出的是我刚接触风景园林就一直在灌输的概念：第一，不要做奇奇怪怪的东西；第二，看到大型建筑我就站出来反对。因为这种是不生态、不好看、不适人的尺度。我们在做这个方案时，为什么要做成这样。首先是特色小镇这个概念是不明晰的。我们常在讨论特色小镇是什么，我也一直在想小榄镇是什么。所以，在做方案时，是希望能给小榄一个地标性建筑。方案里整个区域的建筑高度都不高于7层楼，地标性建筑虽然大面积覆盖，但是其原理与森林生态学的城市森林是一样的，从建筑模型上看，建筑的景观感受是非常好的。

华中农业大学参赛代表梁芷彤： 我想补充一下，在做特色小镇时，有些方案很讲文脉，但缺少现代活力；有些方案很有现代气息，但是缺少文脉。我们想的就是如何用现代的手法将文脉体现出来。我们方案结合小榄镇的LED新光源的产业以及未来智创定位的发展，以科技手段将小镇的历史或文化（例如60年一次的菊花会）体现出来。另外，小镇的旅游功能和商业功能并没有发生冲突，在场地当中，这些功能都是可以重叠的，我觉得这是我们方案最大的特点。

15
CHAPTER

北京大学：中山·小榄镇特色小镇建设调研报告

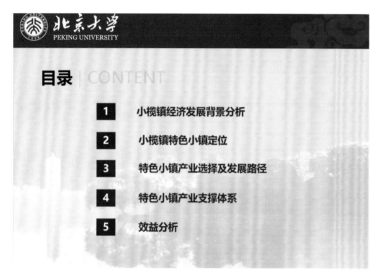

获得奖项：

最佳社会责任奖。

设计方案概述：

以特色小镇为抓手，通过制造产业智能化、传统优势产业高端化精细化、引入文创文旅新兴产业三大举措，促进小榄镇产业结构升级，建设生产、生活、生态"三生"共赢宜居城市。

目录 CONTENT

指导老师：沈体雁

博士，教授，博士生导师。现任北京大学政府管理学院教授，北京大学首都发展研究院副院长，北京大学城市治理研究院执行院长，住房和城乡建设部智慧城市专家委员会委员。

李泽宇

北京大学环境学院研究生，北京大学校研究生会部长，北京大学国际投资管理协会理事长。

郭泽丰

悉尼科技大学金融硕士。北京大学政府管理学院2017级博士研究生。

刘沛宜

北京大学元培学院政经哲2015级本科。

王瑾

北京大学政府管理学院2015级行政管理专业本科生，内蒙古大学青年志愿者协会志愿部部长，内蒙古大学公共管理学院职业发展部部长，学生会副主席。

姚昕言

北京大学政府管理学院城市管理专业的2014级本科生。

15.1 小榄镇产业发展背景分析

小榄镇地处广东省珠江三角洲中部，位于中山市北部，属中山市管辖，镇域面积75.4km²。小榄自改革开放以来便成为珠三角地区工业强镇之一，更是在中山"一镇一品"规划下成为"五金之城"。随城镇化进程的推进及中国经济结构调整，小榄镇也面临着传统产业升级转型、发展新兴产业的挑战。

15.2 小榄镇特色小镇定位

15.2.1 以新结构经济学作为产业定位之理论依据

新结构经济学的核心思想是：一个经济体在每个时点上的产业和技术结构内生于该经济体在该时点给定的要素禀赋结构，要素的相对价格决定了可选择技术和产业的要素生产成本。如果选择的技术和产业与要素禀赋的结构特性相适应，企业的要素生产成本就会较低，就具有比较优势。进而如果正好同时有合适的软硬基础设施，交易费用也会最低，经济体就会表现出巨大的竞争力，因而与要素禀赋结构所决定的比较优势相适应的产业结构就是该时点上的最优产业结构。

15.2.2 根据区域资源禀赋确定特色产业的选择

15.2.3 根据区域经济发展趋势和转型升级需求明确特色产业的定位

15.2.4 目标与定位

15.3 特色产业选择及发展路径

15.3.1 纵向发展：产业转型升级方向与路径

1. 向智能制造业的转型

（1）智能制造产业发展背景

智能制造将引领制造业新一轮产业变革。《中国制造2025》"互联网"行动重点部署智能制造，提出大力发展智能制造，推进"中国制造2025"和德国"工业4.0"战略对接，实施智能制造重大工程等，重点推进制造过程智能化。以智能工厂、数字化车间及大规模个性化定制、网络协同开发等为代表的新业态、新模式快速发展，工业机器人、新型传感器、智能家电等智能装备和产品的应用不断拓展，需求规模呈快速扩大的态势。此外，随着人口老龄化的到来以及像中山这样东部沿海城市企业用工成本的不断提升，智能装备将在越来越多的领域成为企业代替人工的选择。

（2）总体思路

从长远来看，第四次工业革命背景下的制造业内核是基于智能制造的生产和运行，未来智能制造装备和产品市场空间广阔。从现实来看，我国加速推进工业转型升级，传统产业技术改造、设备更新、工艺改进将加大对自动化生产线、工业机器人、3D打印、智能传感器等智能制造装备、产品和

优势 Strengths		地理位置优越：地处珠三角中部，是中山市北部地区的中心镇
		经济发展基础较好：有较高经济发展水平，形成以工业为主的经济结构
		历史文化悠久："菊城"、"中国民间艺术（书画）之乡"等文化称号
		政策支持力度高：为产业制定一系列服务于创新创业、科技发展的优惠政策
劣势 Weaknesses		公共服务配套能力不足
		土地资源利用效率不高
		产业创新活力不足
机会 Opportunities	政治 Politics	小榄镇在中山市总体规划中占据重要战略位置；身处粤港澳大湾区这一"一带一路"重要战略枢纽
	经济 Economy	外来投资充足；优势产业集群化发展
	社会 Socio-cultural	在中山市总体规划的推动下完善交通建设与生态建设
	技术 Technology	国家大创新战略驱动下小榄镇的孵化基地的建设，域内华帝公司被认定为首批"国家级工业设计中心"
威胁 Threats	政治 Politics	对城镇缺乏科学长远的发展规划，导致难以使经济、资源、环境三者和谐发展
	经济 Economy	传统优势工业处于附加值低的制造端，产业升级困难
	社会 Socio-cultural	工业集中发展造成的生态环境损害；创新平台建设不足导致人才吸引力弱
	技术 Technology	大多数制造业企业以模仿与引进技术为主，自主创新与核心研发技术不足

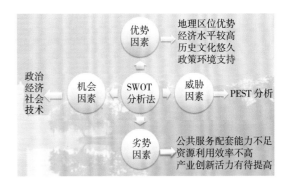

产业资源	区位资源
·小五金制造是小榄镇传统优势产业，已形成品类齐全的产业集群，LED新光源、电子电器音响等产业也发展强势	·距广州、深圳等城市近，作为粤港澳大湾区的一部分，区位优势得天独厚

环境资源	文化资源
·小榄是一个水陆交错、岗丘交错的水乡泽镇，有"九洲八景"之称，自然景观丰富	·小榄素有"菊城"之称，书法绘画底蕴深厚，还有花灯制作技艺、洪拳等非物质文化遗产及曲艺、酿荼薰酒等

推进智能制造成为"中国制造2025"主攻方向	文化产业、休闲旅游也位于政策红利期与高速发展期
抢攻高端制造业成为珠三角经济核心驱动力	绿色发展成为新要求，特色小镇应宜居宜业

战略定位：将小榄镇建设为以智能制造为龙头、文化创意和休闲旅游复合并进的特色小镇

五大目标

生产智能化	产品智能化
发展工业机器人，打造智能工厂。将智能装备通过通信技术有机连接起来，实现生产过程自动化	促使传统金属制品业向现代"智能"金属制品业发展 随着智能化的不断兴起，小榄镇的金属制品内部已经逐渐向智能化产品转型。以中山市本田制锁（广东）有限公司为例，制锁产品更多的开始生产智能锁、无钥安全系统，防盗系统、磁性启动开关等产品。
通过各类感知技术收集生产过程中的各种数据，在工业软件系统的管理下进行数据处理分析，提供最优化的生产方案或者定制化生产，打造生产"云平台"	推动五金产业与芯片和信息技术融合发展，促使科技成果转化 小榄镇有大量的锁具等安防生产企业，可与家电、家具、芯片生产等行业结合，生产智能防盗门锁、智能楼宇等，向智能安全领域转型，促进智能制造技术与传统五金产业有效对接。 融入粤港澳一体化，承接产业转移，主动吸纳智能制造相关产业 小榄镇可充分利用地域优势与自身制造业优势，主动吸纳人工智能、机器人、信息科技等企业，将前沿技术与医疗器械、纺织器械、光电设备、智能家居、工程机械、五金产品相结合，促进传统产业转型升级、提质增效。

浙江大唐袜艺小镇引导产业升级
打造"袜业智库"等方式，在小镇内形成从设计研发、成品制作到定制销售形成较为完善产业链的同时，接受特别的定制服务，将产业链延长。

服务的需求。因此小榄镇要把握传统工业转型升级的机遇，促进原有产业智能化，承接发展一些具有前景的智能制造业。

（3）小榄镇发展优势

第一，小榄镇工业经济基础扎实，细分领域优势突出。小榄加工制造业发达，已基本形成完备的制造业体系。其中五金、LED、服装等产业优势明显，包括木林森、长青集团、华帝股份等规模企业。第二，区位优势独特，粤港澳大湾区的建设为小榄承接深圳、香港、广州的产业转移提供了良好机遇。深圳、香港和广州的科技、知识和技术资源高度集中，但受限于土地约束，急需找到成果产业化的承接地。小榄可抓住此次弯道超车机会，积极承接发达地区的信息技术产业，培育创意产业，打造粤港澳大湾区的科技成果产业化高地。

（4）具体路径

2. 传统优势内衣纺织业高端化精细化

（1）发展背景

小榄镇的内衣业自20世纪80年代起步，经过30多年的发展，在2007年小榄镇被授予了"中国内衣名镇"称号。其内衣消费产品占据了中国75%的市场份额。然而小榄镇内衣业品牌的知名度较低，大多为贴牌代工生产，产品附加值低。小榄内衣业告别"低小散"，挺进中高端制造成为新的发展要求。

（2）具体路径

第一，延伸产业链条。延伸产业链条构建"产业生态圈"。突破传统产业瓶颈。在小镇内形成从设计研发、成品制作到定制销售形成较为完善产业链的同时，接受特别的定制服务，将产业链延长。在原有生产链条上，加入旅游观光体验链条、实施"互联网＋"与工业经济深度融合，通过一个完整的"产业生态圈"全面提升特色小镇的产业格局。第二，从制造到创造。小榄内衣产业需努力提升中高端市场份额。高技术含量内衣产品，功能创新成为当前行业热点，结合内衣业外部趋势及自身情况，小榄镇内衣业发展应对标高端内衣业体系，主攻高端内衣原料、时尚功能性内衣、个性化内衣领域，力争成为集内衣制造、贸易、创新设计、时尚文化于一体的"内衣业中心"，从"小榄制造"迈向"小榄创造"。

第三，依托"互联网＋"创建新营销渠道。在政府的引导下搭建电商园，并引进淘宝大学，培养电商销售专业人才，为中小企业省去开拓电商领域的精力，同时利用无所不在的互联网与创意人才联结。

3. 引入文创、文旅等新兴产业

（1）文化产业发展背景

以文化为核心的产业主要包括文化创意产业与文

化旅游产业。对文创产业来说，高创新性、高附加值、强融合性、资源消耗低、环境污染小等特点使其成为最具前景的新兴产业之一；同时文创产业凭借衍生的新型知识与思维模式能够对相关产业价值链构成、发展方式转变予以帮助。对文旅产业来说，随着低碳经济的推行与居民文化需求上升，具有文化深度的旅游体验更能成为人们心头之好。

（2）总体思路

当前中国经济整体正面临着过剩产能消化、经济增速换挡、结构转型三者叠加的局面，小榄镇同样面临着经济结构调整、传统产业转型升级的挑战，发展文化产业在这一时期具有重要意义：一方面作为经济发展功能主义向人本主义的回归；另一方面也助力经济结构调整。

小榄镇具有深厚的文化底蕴，发展文化旅游产业一是要向外传播小榄特有的文化价值；二则要对内巩固小榄人的文化认同感与传承责任感。因此文化与产业的结合一方面要着眼于"菊"、书画曲艺等关键文化核心点，促进现代文化产业链发展；另一方面则是要将传统文化融入居民生活之中，将文化产业与文化事业相结合。从经济发展历史来看，小榄镇素有"五金之城"之名，形成了独有的"工业文化"，这一方面为发展"主题工业旅游"提供了契机，另一方面可以文创产业为基础为工业制造转型升级提供更多信息与资源。

（3）小榄文化资源

小榄文化具有内涵的丰富性与形式的多样性。菊文化是小榄经典历史文化符号之一。小榄的花灯制作技艺、洪拳也是重要的非物质文化遗产。此外，小榄自明代以来的成熟制酒技艺、曲艺风俗、现代拼搏进取的榄商精神等也同样是小榄镇珍贵的文化资源组成部分。

（4）具体路径

第一，打造以"菊"为名片的小榄生态旅游业与食品加工业。利用线上线下多渠道在全国范围内推广小榄菊花展。丰富菊花大会活动形式与内容，结合小榄书画、花灯等其他传统文化，使菊花大会这一特色活动的受众范围突破珠三角覆盖全国。发展以休闲娱乐、体验观光为主的主题生态农业旅游，例如以"菊"为主题，发展以菊花种植、菊艺学习、菊园观赏、菊食品尝为内容的近郊农家乐，在推广特色文化同时将生态健康理念融入生产生活之中。

开发以"菊"为代表的特色农产品加工业。如以食用菊、菊花茶、菊花酒等多样副食品形式呈现。并且借助电商互联网渠道，将特色农产品及其加工系列食品销往外地，既能结合电商扶贫、带动产业发展，又打响了"菊城"的名片。

第二，建设文化主题体验园，利用数字媒体等新型载体发展文化创意产业。以菊文化、书画文化、榄商文化为核心建造主题文化公园，集历史传承、休闲健体、娱乐观光等多种功能于一体，丰富小榄镇人民文化娱乐生活。同时，利用闲置小块土地等资源，建设多个散布在小榄镇的小型文化展示场所，展示主题可容纳花灯、洪拳、曲艺等小传统文化要素，形成"转角便是艺术馆"的文化生活氛围。在展示手段

上，利用现有科技对原有文化进行可能的继承与创新。可利用全息投影技术再现古时节日风俗盛况、制作电子书画、利用数字传媒帮助曲艺文化传播。结合现代生活文化需要对传统文化内容进行再创造。

第三，打造小榄特色工业主题旅游，建设智能生活体验区。作为对小榄镇传统工业转型升级的承接，一方面利用现存工业厂房旧址进行改造，形成具有特色工业风格的建筑群落，其中可以像北京798艺术区或上海1933老厂房容纳文化创意产业，也可复原工厂运作原貌作为旅游景区或影视基地。在小榄智能制造深入推进的基础上，引入智能化工业升级产品如智能家电、个性化服装设计、智能管理平台、人工智能管家等打造智能产品体验内容，利用VR虚拟现实技术，真实地展现智能化的便捷居家生活图景。打造"智能生活体验馆"。一方面形成旅游目的地吸引力，一方面也为推广本地智能化产品提供平台。

15.3.2　横向发展：从工业园区到智能创造中心

1. 国际经验

传统工业园区面临着日益严峻的发展问题，如产业结构单一、土地厂房闲置、与周边区域的连通性差、功能配套严重不足、就业和消费结构不匹配等。尤其在当下以智能制造为代表的产业升级和新一轮城市更新的双重冲击之下，中国经济曾经的助推器传统工业园区正变得越来越不合时宜。纵观海内外成功的园区转型实践，我们总结出两种典型模式以供借鉴。

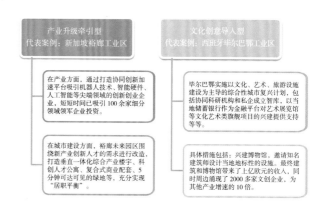

2. 小榄镇工业园区发展模式选择

（1）依托小榄镇优势产业资源沉淀，搭建产业深度服务平台

在已有产业集聚基础上，针对优势产业发展生产性服务业，从低附加值的劳动密集型生产制造业转向高附加值生产性服务业。

（2）打造产业生态平台

工业园2.0提出要延伸产业链，单一产业结构或环节在产业整体困难时容易受到毁灭性打击；工业园3.0将是产业生态系统的大融合，形成点、线、面、体的网式结构，自成一体，完成对全产业链的布局和产业的横向覆盖与扩展。

（3）融入文化、创意元素

人们对精神元素的需求随收入水平的提升愈发显著，因此应挖掘城镇文化内涵，用创意点亮园区，使工业园区富有人文气息。例如成都东郊记忆便是一成功案例。

（4）实现生产、生活、生态的"三生融合"

通过采用清洁技术等手段改善工业园区的环境条件，不仅能方便生活还能更健康地生活，从而可能由单纯工作地向职住地转化，实现生态、生产、生活的共融。黄岩智能模具小镇、玉皇山南基金特色小镇都是这一方向的可借鉴案例。

15.4　特色小镇产业支撑体系

15.4.1　产业生态体系建设

1. 营造良好的生产、生活环境

特色小镇发展的核心在于对人才的吸引，尤其是特色产业建设需要引入大量具备专业技能的高端人才，例如大数据以及智能化机械的应用会增加对知识型管理人才的需求。因此小榄镇应通过奖励、补贴等优惠政策进行引导，鼓励企业引进、培养先进装备制造业科研人才，支持技能人才培训网络平台、人才培训示范基地建设。同时，可与国内高校签立人才引进合作协议，与相关院系及科研机构合作建立创新成果转化平台，实现政、产、学、研有机统一。

由于特色小镇对从业人员要求高，相应的从业人员也有较高生活要求。因此小榄镇要注重医疗卫生教育等公共服务提供，同时要配套休闲娱乐、商业设施。且公共服务能力的提升以及良好生产生活环境的塑造不仅有利于吸引外来人才，还利于本地居民内在凝聚力提升。

对于现有工业区，避免大拆大建，应积极利用现存工业厂房旧址进行改造，可融入文化创意元素，形成具有特色工业风格的建筑群落与文化创意产业发展基地。

2. 构建产业孵化环境

（1）打造工业园区3.0，完成对全产业链的横向纵向覆盖

当前小榄镇制造业以附加值较低的工业制造为主，研发环节与销售环节相对薄弱。在这一背景下，政府应当引导企业延长产业链。补齐产业在设计和创新上的短板，集聚并整合资源，完善上下游产业链，实现产、研、销一体。小榄镇工业设计产业园的出现便是探索产业升级的一个良好开端，这里聚集了设计公司、制造公司与电商销售平台等，形成产业链闭环。右图为小榄镇工业设计产业园。

（2）增加跨界协作的开放空间

下一代的产业生态对于跨界、跨环节协作要求极高。建议园区增加众创空间、互动交流平台等便于交流协作的空间，以及公共实验室、共享3D打印室等开放式的产业服务平台。鼓励跨界灵感碰撞，也方便研发、测试、生产、营销等多环节联动协作，以便更好地服务于创新型产业，目前小榄镇安视创客空间提供了一个有益的尝试。

3. 硬性工程建设

15.4.2　管理模式

对特色小镇建设实行政府引导、企业主体、市场化运作，是市场经济体制下深化管理体制改革、实现跨越式发展的必然选择。

第一，要创新小镇市场化运作、企业化运营模式，按照政企分离原则，建立开发建设主体与行政管理主体相分离的管理体制。大力支持开发投资有限公司以控股、参股、相互持股、PPP等方式，吸引民间资本参与小镇建设，实现风险共担、利益共享；加强公司与银行、信托、保险等金融机构的合作，广泛拓展融资渠道，推动实现可持续运营。

第二，要充分发挥政府在政策引导、要素保障、协调服务等方面的作用。加快建立小镇规划建设的组织协调机制，强化政策的引导性和灵活性；不断完善小镇配套设施，发展现代服务业，为招商引资营造良好环境；加快制定和落实相关优惠政策，对项目建设用地给予重点保障，在企业投资、科技创新、税收、员工子女就学等方面予以重点倾斜。继续深化经济领域改革，发挥民间融资服务中心和联合民间融资管理服务公司作用。继续深化行政审批制度改革，合理减少审批事项，提高政府服务企业发展的水平。

硬性工程	具体内容
基础设施	土地及房屋的征收拆迁和补偿。地下综合管廊及综合管网、海绵城市、智慧城市基础工程、污水处理、园林绿化景观工程等建设
公共服务配套设施	学校、医院、社区中心、博物馆、体育设施、图书馆、规划展馆、文化交流中心、旅游休闲、商贸物流、人才公寓等等
产业配套设施	标准厂房、众创空间、产品交易等生产平台建设
生态环境建设	垃圾处理、水环境治理生态治理和修复、人居环境整治、田园风光塑造等
文化传承建设	镇村街巷整治传统街区修缮。传统村落保护与修旧如旧。非物质文化遗产活化等文化保护工程

15.5 产业规划效益分析
15.6 结语

以特色小镇为抓手，通过制造产业智能化、传统优势产业高端化精细化、引入文创文旅新兴产业三大举措，促进小榄镇产业结构升级，建设生产、生活、生态"三生"共赢宜居城市。同时融入粤港澳大湾区区域一体化战略，抓住"一带一路"战略发展机遇，力图将中山市小榄镇打造为区域智能制造综合服务中心、智慧科技文化体验平台、产品研发设计基地、文化旅游之城、生态宜居之城，实现小榄在新时代下的新发展！

达到城市发展与自然演化的平衡，创造安全优质的生态环境，确保了自然生态对社会经济发展的持续支持能力，实现人与自然和谐，持续、优化的人居环境。

可实现经济持续增长极的创造，一方面智能制造业的导入以及传统优势工业的高端化精细化发展将为小榄镇带动相关行业的产业收益，另一方面文创文旅产业的引入会带动经济结构优化。

环境效益　经济效益

文化效益　民生效益

文化与产业的结合能更深入挖掘传统文化价值。利用数字媒体等新型载体更对文化推广有积极意义，营造文化认同、健康生活、文旅创新的文化氛围。

产业转移升级可提供就业。经济发展将带动教育财力和社会保障能力的提高，推进医疗卫生保健网的完善，促进居民科学文明、卫生健康生活方式的养成。

15.7 专家提问与点评

广东省城乡规划设计研究院院长丘衍庆：想问一个问题，在方案汇报就开门见山谈目前对于特色小镇的一些策划、建设，我觉得应该突出这个特色，首先要对特色小镇做出自己的见解。所以，请问你们对特色小镇的见解是怎样的？

北京大学参赛代表李泽宇：我们这个调研报告，源于我们的园林背景，现在谈的一个特色小镇的产业以及特色小镇的一个区域，这个特色小镇它特在哪里呢？我觉得最重要的还是产业，但是产业它并不是独立的，一方面它反映在引用新的产业是需要符合这个城市的资源，这个也形成了特色。另外一方面，也可以从小榄镇这个特色的区域优势，来进行一个产业的转移和承接，这也是小榄镇最大的一个特色。

北京大学参赛代表刘沛宜：除了特在产业，我还觉得特在形态和机制。特在形态是指特色小镇它本来就诞生于城市和乡村中间，一方面它比农村更有现代化的设施，另一方面它也要很积极地避免一些大城市的城市病，例如可能一方面会融入一些农村的生态和一些农村的体验，一方面它也会像城市一样拥有一些完善的设施。另外，特在机

制，我们最后一个模式提到特色小镇特别适合PPP类型公司的模式来打造，也是为我国创建更好的服务体制做一个探路者。

清华大学副教授刘伯英：我有个问题，你们刚才说到的这个小榄镇是一个工业重镇，工业比较发达，那么它整个小镇的产业布局是什么样的？是什么样的状况？例如各个产业分布在哪，今后的工业模式是一个怎么样的组织方式，你闲置的资源是一个怎么处理，现在小榄镇空置的工厂大体上是一个多大的规模？请你们详细讲解一下。

北京大学参赛代表姚昕言：感谢老师的提问，就我们调研的内容来看，小榄镇在做一个功能分区的规划，并且积极推进它的一个建设，现在已经签约了一些专门产业到工业园区去。以前小榄镇存在工业布局比较分散的问题，现在推进这些工业园区的时候，开始把工业进行集中。因为可能还有一些分散的小工坊，没有办法集中到他们工业园区去，那么这些小工坊，原始的建筑就能作为旅游点，或者改造成一个文化创意区的落脚点。因为这个特点，我们在文化产业引进方面，希望倡导建设一个转角艺术馆的一个生活的运营氛围。另外，对于工业分区，我们刚才说的工业制造区，其实是一个特色区域，它可以跟北边的部分居民区形成一个有休闲娱乐区，我们觉得也可以建一些主题性的文化公园，我们的规划大概是这样的，可能还有很多不全面的地方，还需要继续完善。

中山大学 旅游学院
SUN YAT-SEN UNIVERSITY School of Tourism Management

小榄"智谷小镇"工业设计引领区项目调研报告

学校：中山大学旅游学院
小组成员：吴洁 孟斐 杨兵 周舟
指导老师：曾国军
2017.11.23

获得奖项：

最佳社会责任奖。

设计方案概述：

为了实现产业引领升级，实现土地集约化利用，实现高产值高端化发展，我们将项目地块的业态定位为融合文化休闲、公共艺术、会议展览、沉浸体验、电子商务等多元素构建而成的，以工业设计为核心的生产性服务业引领区，从而主要解决片区工业企业产业链的研发设计前端问题。

指导老师：曾国军

教授，博士生导师。中山大学旅游学院院长助理，酒店与饮食研究中心主任，酒店与俱乐部管理系主任（兼）。研究方向：旅游企业战略，酒店管理与饮食地理，旅游投融资管理。

吴洁
独白：我是中山大学研究生一年级的学生，来自多彩贵州，是一枚苗族妹子。我的爱好是游泳、看书、旅行和摄影。很开心参加此次比赛，希望和大家一同成长。

孟斐
独白：我来自山东潍坊，热情开朗，喜欢篮球以及一切体育运动，学习旅游的我想要走过更多的地方，认识更多的朋友，也希望这次竞赛可以为小榄提出一些有效的建议。

杨兵
独白：本科毕业于海南大学酒店管理专业，现为中山大学旅游管理专业学术型硕士研究生，研究方向为主题公园、旅游规划、旅游小镇等。

周舟
独白：来自于中山大学旅游学院管理专业研究生一年级，参加这次规划设计大赛，希望我们团队能发挥专业优势，在规划设计中体现旅游休闲元素，为小榄的发展贡献自己的想法和创意。

16.1　背景简介

16.1.1　小榄镇概况

1. 地理区位

小榄镇位于广东省中山市，中山市是中国5个不设市辖区的地级市之一。前身为1152年设立的香山县；1925年，为纪念孙中山而改名为中山县，位于珠江三角洲中部偏南的西、北江下游出海处，北接广州市番禺区和佛山市顺德区，西邻江门市区、新会区和珠海市斗门区，东南连珠海市，东隔珠江口伶仃洋与深圳市和香港特别行政区相望。中山25个镇区共分为五大组团，包括中心组团、东部组团、东北组团、西北组团和南部组团。其中西北组团重点对接广州、佛山、江门，定位是打造具有全国乃至全球影响力的制造业强区。

小榄镇地处广东省珠江三角洲中部，中山市北部，是中山市北部地区的中心镇，镇域面积75.4km²。东北与东凤镇隔河相望，东南与东升镇接壤，南与古镇镇、横栏镇以河为界，北与佛山市顺德区均安镇毗邻；东南距石岐城区26km，距珠海、澳门90km，西北距广州市中心城区70km，西距江门市10km。

城镇布局由旧城区（新市）、永宁、新城区（东区）、新南区（绩西）和绩东（绩东一）等五个紧凑组团组成的主城区，东南方向以工业为主的泰丰组成，西部的九洲基和埒西（埒西一）两个组团，北部的西区和北区两个小组团。科教文化中心位于主城区的核心位置。

2. 经济发展

小榄的工商业充满发展活力，区域经济特色鲜明。至2015底，常住人口32.46万人，全镇地方生产总值274.42亿元，税收总额54.62亿元，固定资产投资46.97亿元，社区集体经济收入13.2亿元，股民人均分红6977元，年末工商注册登记户39689户，其中工业企业12504户，三大产业比例为0.2：55.4：44.4。

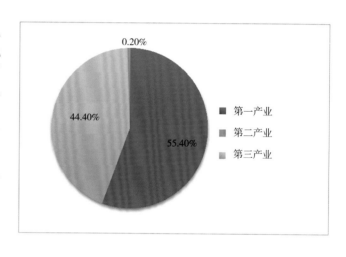

小榄镇是广东省中心镇和中山市工业强镇，现拥有"中国五金制品产业基地""中国音响行业产业基地""中国内衣名镇"3个国家级产业集群和148个国家、省级名牌名标，20个"中国驰名商标"和12个"中国名牌产品"，形成了五金制品、电子电器音响、食品饮料、化工黏胶、服装制鞋、印刷包装、新光源照明等特色产业集群。拥有华帝、力王、棕榈园林、达华智能、长青和木林森等6家上市企业，7家中山市总部经济企业，5家新三板挂牌企业。

在新的时代背景下，小榄镇通过"互联网+"为平台，推动传统产业产品与智能云平台融合发展，努力打造"智能五金""智能安防""智能家居""智能路灯"等高端智能产品。目前，声控抽油烟机、智能化路灯、智能家居等产品都获得了市场的青睐。一些传统制造业企业也由传统家用产品逐步向装备制造业以及综合生产服务商、供应商转型。

3. 社会文化

小榄有着悠久的历史和深厚的人文底蕴，因小榄人喜爱养菊、赏菊，且每年有举办菊花欣赏会的传统，被誉为"菊城"。明代礼部尚书李孙宸曾撰诗云："岁岁菊花看不尽，诗坛酌酒尝花村"。清嘉庆甲戌年(1814)举办了第一届菊花大会，以后每隔60年举办一届大型的菊花盛会。1994年举办的第四届甲戌菊花大会陈展菊花82万盆，布展10km²，吸引了海内外宾客600多万人次观赏。2004年11月，为纪念第四届甲戌菊花大会10周年举办的小榄镇(甲申)菊花文化艺术欣赏会在布展和菊艺上都有新的突破，最大的一棵单株立菊达45圈6211朵花。高23.26m的赏菊楼和单株嫁接247个品种的大立菊列入吉尼斯世界纪录大全。国家文化部授予小榄"中国菊花文化艺术之乡"称号；2006年初，"小榄菊花会"被评为首批"国家非物质文化遗产"代表作。

小榄书画艺术代代相传，名人辈出。明代官能、伍瑞隆的画作，李孙宸、何吾驺的书法都是世人争相收藏的珍品；清代的蒋莲、邓大林等岭南画家，其作品为各级博物馆所珍藏；现代漫画家陈树斌(方唐)、画家陈舫枝等书画艺术也取得了较大的成就，带动了小榄书画艺术的全面发展。

16.1.2　项目地块基本情况

1. 项目地块位置

本项目地块位于小榄特色小镇核心区，毗邻龙山公园、滨河公园和小榄镇镇政府，交通便利，地理位置优越，也是特色小镇建设的引擎区域。具体来说是以荣华路、小榄大道、升平东路和与龙山公园所组成的矩形区域，总面积约为1km²。

2. 项目地块产业现状

调研情况显示，该区域早年聚集了一些生产制造企业（著名的有长青集团等），这些企业大多数是镇政府成立的工业总公司所有，因此镇政府持有该区域大部分物业。近些年来，镇政府出于产业空间集聚的目的，将镇域内的主要工业企业集中到以泰丰工业区位代表的一些大型工业区内。因此该区域内遗留下大量的老旧厂房以及部分住宅等建筑。其中部分厂房依然在用做生产用途（如民森制衣、宝榄服饰等），但大量厂房基本处于闲置状态。而其他商业以及住宅类建筑则被政府以长租的形式对外租赁。并且由于房租价格相对较为便宜，此区域现在也有一些小规模的生活区存在，并由此存在一些生活服务型企业。

3. 项目地块产业趋势

实地走访调研所收集的信息初步表明，该区域内正出现文创类产业聚集的趋势。其原因主要可以概括为四点。其一，文创产业是以空间为依托的业态，而废旧厂房空间充足的特点成为文创产业选址的一个合适选择。其二，工业厂房遗址容易打造为具有艺术感的创意空间，许多艺术创意园区都是有废弃工业遗址改造的（如北京798艺术区以及广州红砖厂等）。其三，废旧厂房租金低廉，选择废旧厂房改造作为文创空间的打造形式为企业节约了成本。其四，该区域毗邻小榄镇政府及周边商业区，一些商务活动以及个人休闲行为使文创空间产业有了市场需求。

一座市级工业设计产业园坐落在在该区域的东北部（龙山公园内），该工业设计产业园也是通过旧厂房的改造建立起来的。目前拥有一些小型的工业设计工作室和电子商务公司以及一到两家咖啡馆等休闲配套。这些市场趋势可以为该区域产业规划思路提供一定的借鉴。

16.2　项目定位与发展思路

16.2.1　项目定位

小榄镇作为中山市西北组团的中心镇，未来小榄的定位为：以智能制造业和现代服务业为主导的中山西北部现代化城市副中心，中山市西北组团综合交通枢纽，具有岭南水乡特色的宜居健康型城镇。

但依据《中山市小榄镇总体规划修编（2015—2020）》（以下简称《规划》）对小榄镇目前的用地现状的评估，小榄镇"目前由于各个区之间基本连成一体的发展，缺乏对公共设施及绿地建设，使用地比例失调，且现各社区的建设管理水平相对落后，未能达到现代化发展的要求"。

再结合中山市小榄镇特色小镇——菊城智谷建设顶层设计，作为产业特色小镇一定要去占领产业链的高端环节，本次规划的项目地块的总体定位应服务于菊城智谷的智创升级引领区的总体定位，即瞄准工业升级需求、激发工业创新活力。换言之，项目地块的总定位核心是"智"，集聚智慧的产业，通过一个智慧产业的聚集，实现对一片传统产业的升级改造，实现对一片次优环境的整体提升。小榄镇制造工业发展成熟，其重点企业主要包括五金制品、电子电器音响、服装制鞋、新能源照明等轻工企业，相关产业经过多年发展已经形成集研发设计、制造加工、品牌营销为一体的全产业链集群。

因此，为了实现产业引领升级，实现土地集约化利用，实现高产值高端化发展，我们将项目地块的业态定位为融合文化休闲、公共艺术、会议展览、沉浸体验、电子商务等多元素构建而成的，以工业设计为核心的生产性服务业引领区，从而主要解决片区工业企业产业链上游的研发设计前端需求问题。之所以确定了要做工业设计产业，总的有两个层面的考虑：一个层面是基于产业发展趋势的判断，国家政策提出要大力发展低耗能高产出的第三产业，小榄镇过去做了很多工业产业的生产示范，也发展了不少为工业而配套的服务业，近年来小榄镇的服务业占总经济比例不断提升也验证了这一产业发展趋势；另一个层面是基于区域发展趋势的判断，就是珠三角一体化产业转移的趋势，城镇制造业往外转移，由周边地区建立新的园区承接产业转移，迁出后留下的空间应该承前启后，可以升级为服务于工业产业链前端的工业设计产业，工业设计产业也是符合本地工业资源优势的细分产业，这才是引领区最核心的特色。

16.2.2　发展规划

1. 引领区业态结构规划

以工业设计产业为核心，以文化休闲、公共艺术、会议展览、交互体验、电子商务等为副核心，多位一体协同引领产业升级。核心产业引领区围绕工业设计产业发展重点全面开展招商工作，择优吸引工业设计重点企业和工作室入驻，不能为了眼前的招商数字好看而接收不合定位的企业，亲手葬送引领区的进一步发展。副核心多业态企业嵌入引领区，与文化休闲、公共艺术、会议展览、沉浸体验、电子商务等相关企业可在一定控制范围内入驻引领区。智谷小镇周边地块可在工业设计产业引领区的带领下形成其他产业升级的集聚效应，例如智能制造、供应链管理、电子商务、互联网+传统产业、文化传媒、咨询策划等特色产业，最后实现多核驱动、协同提升智谷小镇的生产性服务经济在地区总经济构成中的比例。

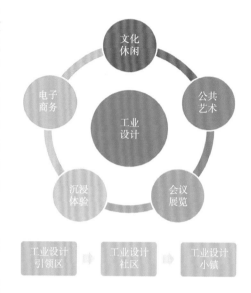

2. 整体运营阶段规划

总体分为工业设计产业引领区、工业设计社区和工业设计小镇三个阶段。基本思路是先做工业设计产业，然后逐步融入城市功能，吸引高级工业设计人才在此就业和居住，最后形成"三生融合"的宜居宜业的生态智谷工业设计小镇。整体运营思路显现阶段式进程管理，不同阶段采取不同战略，在定位正确的前提下坚持下去，出现了方向性的错误又要及时纠偏，不被眼前的困难吓倒，不放弃正确的路线，不过度高估自己的力量，脱离实际盲目追求高端化，在产业发展趋势不明朗的时候就盲目投入。

3. 运营管理规划

引领区将主要强调三方面：产业联动、产学研结合、公共性与艺术性。产业联动：引领区核心产业与副核心产业的联动，比如工业设计企业可以在会议展览公司做设计发布会、行业博览会，也可以在文化休闲类的餐吧推介自己的设计产品或者平行交流。产学研结合即工业设计产业、学校、科研机构相互配合，发挥各自优势，形成强大的研究、开发、生产一体化的先进系统并在运行过程中体现出综合优势，比如与珠三角高等院校和科研院所展开合作。公共性与艺术性：引领区不光是产业区，还应该留有一部分对外开放的公共区和艺术区，是具有开放、公开特质的、由公众自由参与和认同的公共性空间，公共艺术所指的正是这种公共开放空间中的艺术创作与相应的环境设计，最终形成工业设计产业性与公共性、艺术性的共融生态，即实现经济与社会、文化的生态。

4. 引领区人才配套设施规划

引领区要吸引高级人才，一定要舒适宜居，要求医疗、子女教育、社区文体设施、交际空间等立足于长期生活的设施。所以，为了促进引领区生产、生活、生态的融合，园区可以参考2007年建设部（现住建部）科技司出台的《宜居城市科学评价标准》。这里面在行政效率、政务公开、民主监督、社区治理、贫富差距、刑事案件发案率、噪音水平、人均绿地、垃圾无害化处理、文化遗产保护、古今建筑风格协调、建筑与环境协调、停车位比例、人均商业设施面积、500m内拥有小学的社区比例、1000m内拥有体育场馆设施的社区比例、人均住房面积、社区医疗覆盖率、防震减灾预案等等方面提出了一整套完整的评价标准。这些宜居城市的建设标准有利于引领区的长远发展，有利于产业升级和人才聚集。

16.2.3　预期成果及展望

近期预期成果：核心地块形成以工业设计产业为核心，以文化休闲、公共艺术、会议展览、沉浸体验、电子商务为副核心，五位一体协同引领产业升级的工业设计产业引领区。

中期预计成果：核心地块由工业设计产业引领区发展为人才集聚在此生产生活的工业设计社区。同时，工业设计引领区周边区域出现其他生产性服务业产业集聚，例如智能制造、供应链管理、电子商务、互联网+传统产业、文化传媒、咨询策划等。

后期预计成果：核心地块社区建成为工业设计小镇，在多核智创业态协同提升下整个智谷小镇全面建成。

16.3　可行性分析

16.3.1　市场分析

1. 特色小镇的发展市场

2016年，住房部、发改委、财政部联合发出《关于开展特色小城镇培育工作的通知》，提出全面开展特色小镇的建设工作，争取2020年前建设约1000个各具特色、富有活力的休闲旅游、商贸物流、现代制造、教育科技、传统文化、美丽宜居等特色小镇，引领带动全国小城镇建设，不断提高建设水平和发展质量。在全国首批公布的127个特色小镇名单中，广东省共有6个特色小镇入选，分别为佛山市顺德区北滘镇、江门市开平市赤坎镇、肇庆市高要区回龙镇、梅州市梅县区雁洋镇、河源市江东新区古竹镇、中山市古镇镇；而在2017年7月公布的第二批276特色小镇名单中，广东省共有14个特色小镇入选，其中包括中山市的大涌镇。至此中山市共有古镇灯饰小镇和大涌红木文化旅游小镇两个特色小镇。

其中，古镇镇以灯饰、花卉苗木两大产业为支柱，全镇有工业制造企业9465家，其中灯饰及其配件制造企业2703家。古镇灯饰已经成为当地的文化名片；大涌镇作为中国红木雕刻艺术之乡，红木家具生产在全镇产业中占据重要地位，目前也正大力推动红木工业旅游，两者都对小榄镇的特色小镇建设有良好的借鉴意义。

当前，国家层面关于特色小镇的相关政策密集出台，并且给予了大力的金融支持，正是借机发展当地工业设计特色小镇的最佳时机。截至2017年8月，全国共发布特色小镇相关政策100多个，其中有21个省（自治区、直辖市），33个地级市发布了特色小镇相关政策，虽然与一些特色小镇建设的热门省份相比，广东省的特色小镇扶持力度还相对较弱，但目前政府方面也在努力推动相关政策的制定。2017年8月，广东省发展改革委发布《关于公布特色小镇创建工作示范点名单的通知》，小榄的菊城智谷小镇也被列入广东特色小镇创建工作示范点之一，成为全省特色小镇建设的重点项目之一。

由于在第一批国家特色小镇的开发中，存在以房地产为单一产业，脱离实际，盲目立项、盲目建设，政府大包大揽或过度举债，打着特色小镇名义搞圈地开发，项目或设施建设规模过大导致资源浪费等问题，建成了一大批以"旅游文化"为主题，同质化严重的特色小镇，造成了国家资源的极大浪费，因此在第二批公布的特色小镇中已经对特色小镇的要求作了更严格的限定，比如以旅游文化产业为主导的特色小镇推荐比例不超过1/3，推荐的标准也进一步提高。而小榄依托当地良好的产业基础以及优良的区位条件，有足够的能力在小榄镇东北部区域建成以工业设计产业为主导、文创休闲产业为支持的创新型生态特色小镇。

2. 工业设计引领区的客源市场

整个工业设计引领区的客源市场主要分为两部分：一是对于规划地块中的工业设计公司，其目标客户主要是以本地企业为主的一些加工制造企业；二是对于地块中附属的文创休闲产业，其目标客户主要是周边的居民及工作人群，在服务当地社区的基础上，兼顾旅游、会展等服务功能。

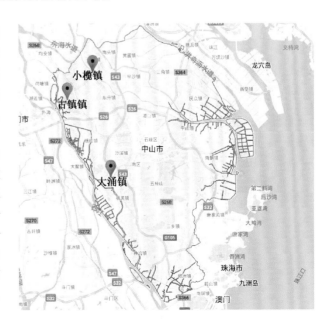

首先，关于本地的加工制造企业。小榄镇作为广东省中心镇和中山市工业强镇，产业基础力量雄厚，客源市场充足。现拥有"中国五金制品产业基地""中国音响行业产业基地""中国内衣名镇"3个国家级产业集群和148个国家、省级名牌名标，20个"中国驰名商标"和12个"中国名牌产品"，华帝、力王、棕榈园林、达华智能、长青和木林森等6家上市企业，7家中山市总部经济企业。截至2016年12月，小榄镇工商注册户数共有42216户，相较15年同比增长6.37%，其中工业企业12914户，相较15年（12244户）同比增长5.47%。目前，小榄镇主要的工业基地已经转移到南部得泰丰工业区，随着当地加工制造产业的集聚，必将进一步推动当地产业的转型升级，进一步提升对工业设计、产品研发等业务的需求。

其次，随着智谷小镇的建设，必然需要相关的配套设施，以此满足当地的工作者以及周边社区居民的生活及休闲需求，这就为文创休闲产业提供了广阔的市场。以引领区的中心为原点，仅半径1km内就有升平小学、明德中心幼儿园、井田商学院、申达职业培训学校4所学校，另外，由于该项目地块仅靠小榄镇政府，处于小榄镇的政治中心，因此当地的文创休闲产业也可以兼具一部分会议、展览的功能，加之周边密集的住宅区和生活区，都为文创休闲产业的发展提供了充足的客源条件。

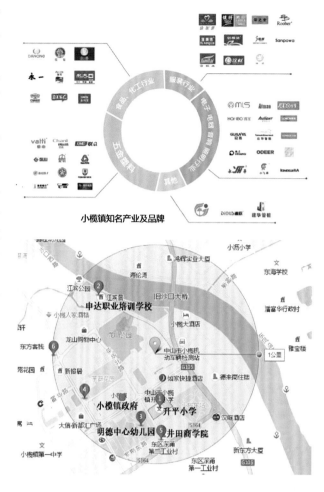

小榄镇知名产业及品牌

3. 未来发展机会

根据目前小榄镇政府对于智谷小镇的总体规划，该工业设计引领区将位于整个智谷小镇南部的智创升级引领区，通过创新、人才、展示、商贸、服务等平台，该地块及其周边区域将作为整个智谷小镇的智慧服务核心区域。目前，由于小榄镇本地高端设计人才的匮乏，各企业相关的工业设计及产品研发服务大都外包至北上广深，甚至国外的设计及研发公司，不仅成本高昂，且沟通效率较低，不能适应许多本土企业的要求。随着一线城市房价上涨、竞争压力加大、人才更新换代速度加快，未来将有更多的人才流向二三线城市及周边地区，小榄镇作为广东省工业重镇，未来有潜力为高端设计人才提供了充足的就业机会，并且由于本地便利的区位和交通优势，不仅服务本地企业，在粤港澳大湾区也将有望形成一定的影响力。

除工业设计的核心之外，通过建设文创休闲空间，未来有望将项目地块发展为融合创新设计、文化休闲、公共艺术、会议展览商贸服务等多元素混合的艺术生活空间。通过景观设计和空间设计，提升该地块的艺术设计感，成为整个智谷小镇的前沿艺术中心，通过定期举办艺术展、摄影展、工业展以及举办音乐节、文化节等多种展览，回馈周边社区，提升当地的艺术氛围和居民的审美水准，成为当地居民在业余生活的高端休憩空间。

4. 风险分析

工业设计引领区建设过程中的预期风险包括政策、市场、财务、管理、技术五方面。

政策方面，虽然目前国家关于特色小镇的政策扶植力度大，财政支持强，但是由于目前特色小镇开发过程中存在着同质化严重、脱离实际、盲目立项、盲目建设，政府大包大揽、过度举债等一系列问题，未来关于特色小镇的开发热度随时可能降温。因此，在整个工业设计引领区的开发建设中，一定不能盲目跟风，要充分考虑现实条件与产业基础，充分考虑市场需求，打造以工业设计、产品研发为内核，文创休闲为辅助的生产性服务业的集聚平台。从而解决生产链的研发设计前端和销售后端问题。

市场方面，要充分考虑和邻近省份之间的竞争关系，目前广州、深圳、佛山都有正在建设的产业设计园区，因此几大设计园区之间必将存在一定的市场竞争关系。相对广州、深圳的设计园区，该工业设计引领区无论从设计产业的规模到设计水平的高低上都有一定差距，因此该地块的发展过程中，一定要加强与本地企业的联系，立足于服务本土，维护利用好本地的客源市场。

财务方面，政府可以考虑采用PPP模式加强政府和企业的合作，并积极与当地的金融机构合作，加大融资能力，注入更多资金，但是另一方面这也将带来更高的财务风险。因此，要充分发挥政府的监督职能，定期抽查、审核各项目的运营情况，确保该项目在建设和运营过程中稳定、健康发展，确保财务方面的稳定性。

管理方面，由于工业设计公司普遍缺乏运营和管理公司的能力，因此存在管理上的风险。对此，需要政府投入一定的资金和人力，对引领区内的设计公司提供财务、管理方面的技术支持和课程指导。

技术方面，由于本地人才吸引能力有限，因此引领区的建设可能存在技术方面的上限，不能充分满足本地企业的需要，导致引领区的发展受限。对此，一方面需要政府加大人才引进的力度，并加强整个智谷小镇的基础设施建设以及生活区的改造升级，提高引领区的人才吸引力；另一方面，需要加强与深圳、广州等一线城市产业设计园区之间的技术合作，提升自身的技术实力。

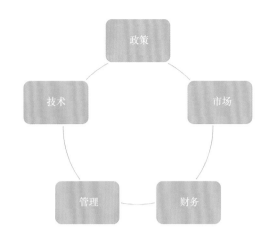

16.3.2 商业模式分析

1. 经济基础

小榄的工商业充满发展活力，区域经济特色鲜明。至2015年底，常住人口32.46万人，全镇地方生产总值274.42亿元，税收总额54.62亿元，固定资产投资46.97亿元，社区集体经济收入13.2亿元，股民人均分红6977元，年末工商注册登记户39689户，其中工业企业12504户，三次产业比例0.2∶55.4∶44.4。截至2016年12月，小榄镇工商注册户数共有42216户，相较2015年同比增长6.37%，其中工业企业12914户，相较2015年（12244户）同比增长5.47%。2010年以来，小榄镇地方生产总值（GDP）保持平稳较快增长，2016年全年GDP总值共287.03亿元，相较2015年（274.42亿元）提升4.60%；从各个产业的产值比例来看，全镇第一产业的产值基本可以忽略，二三产业的产值比例越来越接近，到2016年，全镇第二产业占比51.2%，第三产业占比48.5%，第一产业仅占比0.3%。综上，小榄作为广东省工业重镇，为智谷小镇建设提供了良好的经济基础。

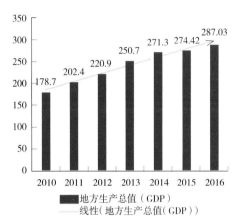

小榄镇2010—2016年地方生产总值变化图（单位：亿元）

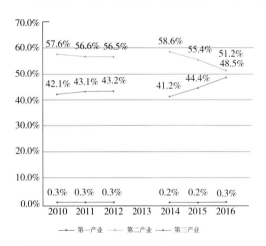

小榄镇三产比例变动图（2010—2016，2013年数据缺失）

2. 产业基础

经过对该地块的走访调研以及向政府有关部门咨询，了解到的目前该地块及周边区域的产业基础条件。在规划地块范围内，有工业设计产业园、创客众创空间、山河Loft三家相关企业，与本方案的项目定位相一致，但三家企业的性质都属于私人投资，政府并未参与其中。其中，工业产业设计院符合未来整个示范引领区的核心板块内容——即工业设计与产品研发，该产业园由5栋独立建筑组成，全部由旧厂房改建而成，目前已经有众多小型的工业设计与研发公司、科技公司以及电商与财务公司、休闲餐吧等入驻该产业园，运营状况良好；创客众创空间主要业务范围为亲子服务及教育服务，通过与一些高科技品牌合作，开展科普教育、亲子活动等，目前的主要客源为周边学校及生活区的青少年群体；山河Loft为今年2月个人投资开办的一家文创企业，该建筑同样由旧厂房改造而成，目前的主营业务是文创精品家具的展览出售以及开办为摄影、书画、会议等展览活动。

而在该项目地块附近，还建有当初由政府扶植建立的聚龙创意谷，该创意园区的功能类似于工业设计产业园，是2016年由市政府、小榄镇政府重点扶持的"大众创业 万众创新"项目，该园区不仅有传统孵化器所拥有的租金减免等帮扶政策，并在建设初期投入200万创业基金，但目前发展状况较差，技术能力水平不足。

综上可知，目前该地块的产业基础较好，已经形成了原始的产业集聚状态，但从经营状况来看，目前整体的发展水平较低。并且，由于目前的政府规划仍停留在的理念层次，缺乏具体的发展目标和发展规划，因此各私人企业对未来的发展定位仍不清晰，且缺乏与政府的合作。因此，有必要由政府牵头，制定更加细致的发展规划，并制定相关的政策对该地块的企业加以扶植，吸引更多的企业进驻到项目地块，将旧工厂逐渐迁出，逐步开展本区域的改造和重建，充分利用好现有的产业基础。

3. 运营模式及产业链分析

本项目预期以该地块遗留的旧厂房为基础，通过景观设计和空间设计，对旧厂进行艺术加工和改造，在确保实用性的同时，提升该地块的艺术设计感，最终建成工业设计产业与文创休闲娱乐融合的艺术建筑群。每个小建筑群以几个工业设计或产品研发公司为主要企业，辅之以特色的文创休闲区域，如休闲餐吧、酒吧等，在厂房的顶层或外围区域，可以建立小型的篮球场、棒球体验场等文体区域；针对比较大的厂房，可以改造成大型的展厅，用做大型会议、艺术及科技展览、表演活动等的场所，充分利用立体空间。

在该项目地块投入建设的初期，可以向社会广泛征集旧厂改造方案，邀请知名及新锐建筑设计师参与设计和方案评审，保证该地块建筑群的艺术感和设计感，通过对旧厂房的改造及重建，为众多高端的工业设计及产品研发公司提供一个入驻的机会和平台，加上相关的政策扶植和人才引进，吸引一部分设计企业和人才入驻。其功能在于：一方面，为本地企业提供尖端的技术支持与服务；另一方面，小榄密集的产业群也将为这些公司提供充足的工作机会，最终形成一个良性循环，不断促进当地工业的转型升级，吸引更多的人才回流。

在项目发展过程中，不断完善相关的配套设施，并发展相关的文创休闲产业，逐步形成以工业设计产业为核心，以文化休闲、公共艺术、会议展览、沉浸体验、电子商务为副核心的产业结构，五位一体协同引领产业升级。政府在其中起着引导和支持作用，通过人才引进和资金支持，吸引更多的高端人才和企业入驻该地块，不断提升该引领区的技术实力，保证其工业设计产业的核心竞争力。

企业通过向政府签订租赁合同的方式获得进驻权，租赁形式不同于目前一年一签的形式，可以有多种租金和年限的组合方式，保证企业进入和退出的灵活性。

16.4 特色小镇未来发展建议

16.4.1 制度创新与市场主导

特色小镇的建设首先应当注重制度的创新。首先从广东省层面制定相应的制度，再推进到中山市及小榄镇的制度创新，尤其应当重视土地政策和财税政策。强调政策和制度创新的重要性的同时并不能否定市场的主导作用。在特色小镇的建设中应当市场是主导，而政府的政策和制度是引导。广州去年提出的30个特色小镇一直发展缓慢，就是因为政府在主导，而市场并没有发挥主导作用。市场化机制是特色小镇的活力因子，采用企业主体、政府服务模式。放宽市场主体核定条件，简化审批流程，做好服务工作。充分发挥市场的主导作用，引入投资建设主体和第三方机构，提高小镇建设和运营的专业化水平。

16.4.2 特色产业与创新升级

小镇建设应当以特色产业为核心，以创新转型发展为引领。特色小镇的定位，应基于基地自身自然历史资源、产业基础和开发资源等自身产业发展条件。充分利用本地原有特色产业和优势产业基础，打造创业创新的新平台，集聚科技、人才等产业发展的高端要素，激发传统特色产业的活力，形成产业、文化、休闲的聚合发展，推动特色小镇的转型发展。形成具有明确产业定位、文化内涵、休闲和一定社区功能的"产、城、人、文"四位一体有机结合的发展空间平台。坚持特色为王，突出特色亮点，这个"特"体现在产业特色、生态特色、人文特色、功能特色等多个方面。

16.4.3 创建舒适宜居之城

完善产业配套服务、加快推进产城融合，从而推动产业升级和吸引大城市高级人才前来就业定居。特色小镇的发展需要引进大量的人才，很重要的一点就是要做到舒适宜居，宜居不仅体现在对生态环境的要求，也体现对医疗、子女教育、社区文体设施、交际空间等立足于长期生活设施的要求，实现生产空间和生活空间、生态环境相互融合。同时不仅要注重对外地人才的引进，也要重视留住本地人才和当地人才的回归。与周边高校合作，推广小榄镇特色小镇的形象，实现吸引周边人才的目的。

16.5　专家提问与点评

棕榈生态城镇发展股份有限公司董事长吴桂昌：本来政府对项目地的工业设计定位是非常清晰的，我的问题是政府应该采取什么措施来努力，是长期的补贴呢还是用什么办法让市场来主导？

中山大学参赛代表孟斐：我们之前也是有看到政府有主导建设一个工业设计的平台，当时政府有投资两百万来投资打造这个工业设计平台，但是最后它其实是受到了限制。虽然现在提出了这个方向，但是没有具体的政策来进行本地企业的引导，那本地企业在发展过程中其实是发挥自己的主观性来做这个事情。政府只是提出了这样一个理念，希望有一些高端的企业进来，但是发展是受到周边环境的一些制约，那我们应该加强和本地企业的一些联系。虽然目前在发展阶段做不到一个高顶尖的一个设计，那可以为一些企业做中低层的设计，这个是政府需要出面引导的。但是现在的场地空间是不满足一些企业的进驻的，希望政府可以通过一些融资的措施，包括一些政府投资或跟周边合作，让这些企业有资金来把这个场地进行改造，最终可以把这个场地改造成一个设计和艺术空间结合的一个建筑群。

中山大学参赛代表周舟：小榄镇对我们来说，基本的初衷是想企业的升级和更新，这个工业设计也是为这个服务的。因此，我们有想法说用工业设计来引领它的升级。现在的需求还没有到需要那么高端的产品，然后通过工业企业入住，有一些比较好的设计来进行一个互动，来带动一个良性的循环。更好的设计，更好的产品这样的一个良性的循环，通过这个来带动它这个整体的升级，我们觉得比较务实，也是操作性比较强的一个方面。

中山大学参赛代表吴洁：我还想补充一点的，就是虽然镇政府在推动这个工业设计平台建设，但是没有很好的发展，有可能是配套设施的不足，也有可能是一个很小的规模并且还在建设当中。另外，还有一点就是我们觉得政府和现在一些企业的沟通还不是很畅通，可能是信息的不对称性。我们访谈到沙河创意园的一个业主，他说他们不清楚政府的政策，而且政府还想把这边打造成房地产业，就可能是这种风声，目前有一种不安全感。在这方面，镇政府可能需要有更好、更明确的信息传播渠道。

中山大学参赛队员杨兵：针对刚才的问题，既然要打造一个宜居宜业的小城镇，镇中之镇，政府要起一个引导作用，并且有一个非常有效的沟通之治，能够使两者之间沟通。然后，我们还想强调的是本次的工业生产设计为核心的区域，它只是一个质朴小镇的核心区域，那散布在周围的文化休闲之类的只相当于文化的一些种子，因为考虑到前期没有那么多的需求的话，那这些业态的话也可以当做种子来培育，可能以他们为这个中心来扩散出去，来推行这个大的波浪圈。

17 CHAPTER

中南林业科技大学：锁铸时光——智慧社区驱动下的智创园景观设计

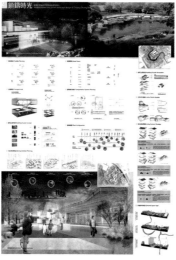

获得奖项：

最佳社会责任奖。

设计方案概述：

团队瞄准工业升级需求，把锁作为园区的主题，激发工业创新活力，以生产、生态、生活打造三生锁。通过对制锁产业的转型升级，构建"一带三区"，在北部调整现有工业用地进行功能置换或迁出，而在南部形成智慧产业聚集。并打造水体系统，增加设计地块的屋顶绿化和绿地系统。

指导老师： 吕振华
中南林业科技大学副教授。

黎燊培
风景园林研究生二年级学生
独白： 做的不是设计，是情怀；画的不是图纸，是艺术。

武俊鹏
风景园林研究生三年级学生
独白： 设计便是生活，用最简洁的表象传达最深刻的内核。

骆栋
风景园林研究生一年级学生
独白： 今天是余生中最年轻的一天，要做更多有意义的事情。和好玩的人去好玩的地方做好玩的事情。生而为人，不枉此生。

赵庆芸
风景园林研究生一年级学生
独白： 有梦想，有坚持的信仰，有想要去做的事。

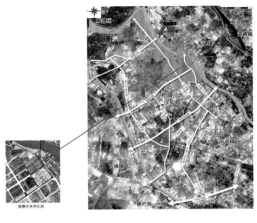

竞赛任务所在地

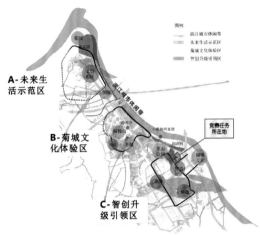

A-未来生活示范区

B-菊城文化体验区

C-智创升级引领区

图例
滨江城市休闲带
未来生活示范区
菊城文化体验区
智创升级引领区

竞赛任务所在地

交通可达性分析　　片区规划分析　　用地类型分析

现有建筑分析　　建筑产业类型分析　　交通分析

空间与潜在绿地分析　绿地水体现状　周边绿地水体与场地关系

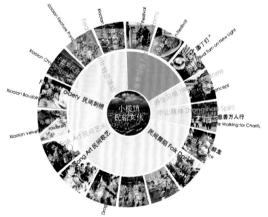

17.1 项目地前期分析

17.1.1 上位规划解读

1. 小榄特色小镇起步区范围

小榄水道、民安路、长堤路、广源路、泗涌路、文成路等道路的围合区域，规划用地面积约7.28km²。

2. 核心区范围

小榄大道、沙口路、荣华路、紫荆路、广源路、菊城大道等道路的围合区域，规划用地面积约1km²。

3. 小榄特色小镇总体定位：菊城智谷

场地位于智创升级引领区。团队瞄准工业升级需求、激发工业创新活力，通过创新、人才、展示、商贸、服务等平台的构建打造智慧服务核心，积极探索产业转型方式和融入当地特色的产业链链条，实现持续性的智创引领核心区。

构建"一带三区"，北部调整现有工业用地进行功能置换或迁出，南部形成智慧产业聚集。梳理城市土地，利于产业聚集，场地内形成智慧产业聚集。商业和居住用地为主。梳理场地用地性质，指导产业格局和产业集群。

（1）智创升级引领区

瞄准工业升级需求、激发工业创新活力。

（2）菊城文化体验区

再演绎小榄岭南文化的沉浸式民俗体验街区。

（3）未来生活示范区

从制造生活用品向提案设计化、品质化、智慧化生活方式发展。

4. 空间策略及内容植入：单元构建、促微循环

原有用地零散、混杂，不利于产业集聚，根据城市功能进行土地梳理，利用现有功能注入新功能，形成三大单元板块。打造相对独立的功能组团、北部调整现有工业用地进行功能置换或迁出，南部形成智慧产业聚集，居住和工业相对分离。

17.1.2 现场调研与前期分析

拿到任务书后，团队对现场的产业、建筑、居民需求、绿地水体、周边用地进行了实地走访调查。

1. 场地分析

2. 场地文化与人群诉求

人群的诉求意见以"希望能有政策支持，引导产业转型""需要更多的展示空间与平台，实行再教育，适应企业的转型升级""打造具有小榄特色的智创升级引领核心区，瞄准工业升级，激发工业创新活力""开发的公共绿地空间可以游玩""希望更集群化的建筑布局，吸引人气，促进商业活动""办公环境更加智慧，交往更加便捷""智慧社区为驱动的创意产业园，多维度的交互系统和交往空间"等为主。

3. 建筑评价体系标准

（1）建筑破损程度分析

当地建筑整体较为陈旧，较新的建筑多为后建，部分厂房

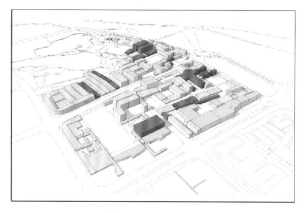

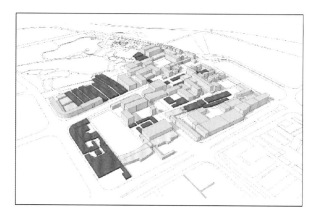

████████ 外立面较新建筑

████████ 外立面较破旧建筑

████████ 外立面破旧建筑

████████ 钢筋混凝土建筑

████████ 砖砌混凝土建筑

████████ 砖砌星铁硼建筑

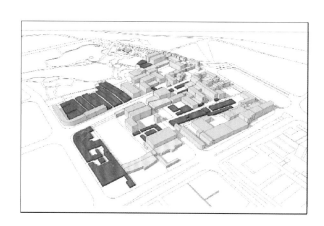

████████ 工业使用建筑   ████████ 行政办公建筑

████████ 居住使用建筑

████████ 商业使用建筑

████████ 12m 以上建筑

████████ 6~9m 建筑

████████ 6m 以下建筑

存在屋顶破洞、墙体坍塌等的情况。

（2）建筑结构分析

    用地建筑以钢筋混凝土结构为主，其次为低矮砌砖、星铁棚、砌砖混凝土建筑等穿插其中。

（3）建筑使用性质分析

    用地建筑多为工业使用建筑，以厂房、仓储、办公为主。商业性质建筑多为新建建筑，也存在旧棚屋改造，主要为餐饮、酒店及生活配套商业等功能。居住使用建筑主要为工业配套。场地整体建筑功能与上位土地利用不符。

（4）建筑高层分析

    用地建筑整体层数不高，最高建筑为 7 层，以 12~18m 居多且多建于场地外围。低矮建筑多为星铁棚，建设较为简陋。

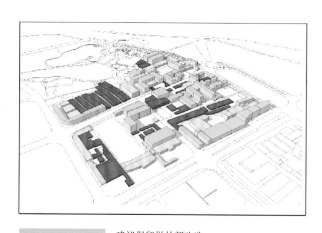

████████ 建议保留做外部改造

████████ 建议分批拆除建筑

████████ 建议第一批拆除建筑

（5）建筑拆除建议

出于对现状房屋破损程度、拆除成本、与周边用地协调发展以及整体景观视线等条件综合考虑，结合弹性空间理论。建议建筑采取分期拆除方式，保留场地特色建筑、新建符合当前发展的建筑。

（6）建筑轮廓线分析

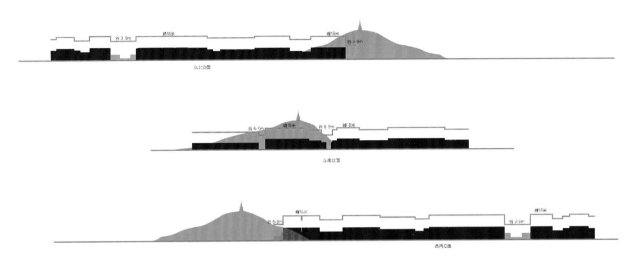

17.2 锁铸时光方案设计

17.2.1 弹性规划时间轴

整个方案分为两年、五年和十年三个阶段。

第一阶段，两年内拆除第一批建筑，开放绿地，延长岸线及水流流动时间，把水系连接起来；形成展示区的核心；制定并完善自行车道、交通换乘枢纽的水路交通计划。

第二阶段，五年内拆除第二批建筑，扩大展示区，把传统行业转变成可以互动的体验；在绿地中打造出绿道，净化水系统；开始出现配套住宅和配套办公等配套设施；完善自行车道和交通换乘枢纽建造的水陆交通计划。

第三阶段，十年内，展示区基本形成，工厂彻底完成转型，展示区内要形成展示研发功能的区域，完善中

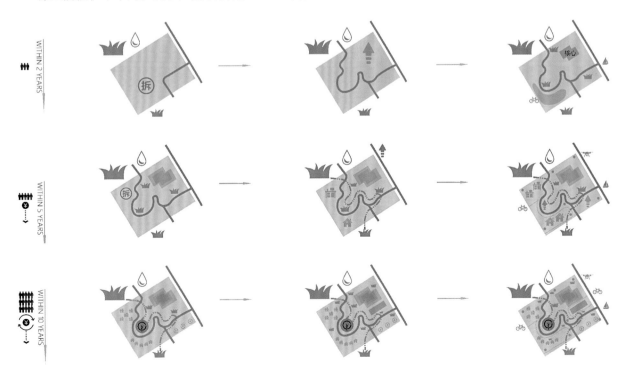

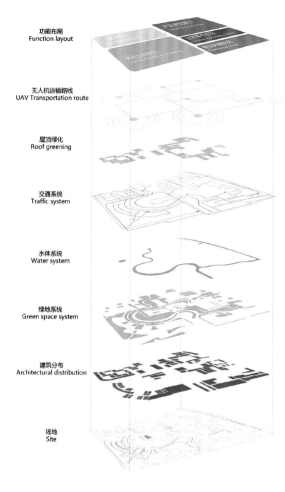

功能布局
Function layout

无人机运输路线
UAV Transportation route

屋顶绿化
Roof greening

交通系统
Traffic system

水体系统
Water system

绿地系统
Green space system

建筑分布
Architectural distribution

场地
Site

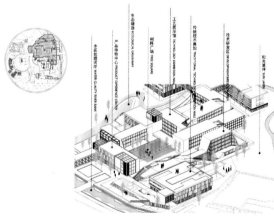

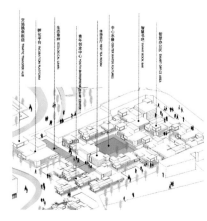

心水体景观功能；配套的商业设计达到最大化，住宅办公商业功能齐全，并衍生出特色的创意集市区；水陆空交通体系更加完整，交通换乘枢纽建筑完成；将本区作为高新科技展示区，在促进商务洽谈的同时发展旅游，不仅可以让商客、游人了解本地历史，而且可以让资金得到充分的流通。

17.2.2 场地结构层级分析

对场地进行整体的结构层级分析，功能布局以及无人机的运输路线分析。整体的交通路线由自行车、水上交通以及无人机路线组成，人们的生活越来越智能，无人机可以实现足不出户的物品信息交流。打造水体系统，并增加设计地块的屋顶绿化和绿地系统。

17.2.3 分区规划策略

根据上述场地的分析，设计出展示、办公、休闲、集市和商业五大分区。

1. 研发展示区

图示区域位于设计地块的东北部，现有的工厂是锁厂、服装制作厂和一些小工坊。整体建筑高度在18~20m，这部分的建筑的改造策略是整体覆绿、增加通道，把原来的制造业空间打造成一个以"锁"为主题的展示空间。首先是对建筑进行立面改造，然后连通各厂房的屋顶，并覆盖屋顶绿化，打造一个屋顶人行交通路线。

因为目前小榄的锁制造业非常出色，占比全国40%多，在世界的出口率达到30%多，锁是小榄的龙头产业，所以把商户集中在这一块，可以办出具有世界规模的锁业展示区，促进商业的交流与发展。

本区域包括水质处理河岸、产品体验中心、生态绿道、树阵广场、工艺展示馆、传统技术展馆、技术研发区以及大片的阳光草坪等。

2. 智慧办公区

图示区域是设计地块中建筑外立面最为破旧的，因改造成本过大，建议整体拆除，拆除数量约8栋。希望在展示的基础上配套科研中心，使这里的产业形成一个完整的生态链。

本区域包括交通换乘枢纽、孵化平台、生态草坪、青年创业中心、休憩茶厅、中心水景、智慧书吧和智慧办公区等。

3. 居住休闲区

采取模块化的理念，如2、3人居住的空间，统一布置这一区域。为展示空间和科研空间的工作人员提供配套的居住场所。

本区域包括全系电影剧场、青年居住区、草坪景观区、生态蓄水区、绿道景观带、家庭居住区和生态院落等。

4. 创意集市区

该地区原有的建筑非常有意思，比如其中一家制衣厂，所以该区域整体保留，并和其上方的研发片区连通，然后在外立面上，结合一些岭南建筑特有的元素进行改造。

本区域包括创意广场、创意手工作坊、观景台、创意集市、创意展厅和生态绿道等。

5. 商业风情区

本区域包括特色商场、特色餐饮、茶室、生态草坪和特色商场等。

17.2.4 锁住时光概念及总体策略

1. 概念

以生产、生态、生活打造三生锁，把锁作为园区的主题。

- 生产：五金锁具产业链转型升级。
- 生态：智慧园林的生态锁。
- 生活：个人隐私保护锁。

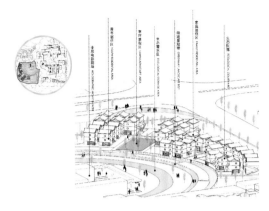

2. 总体策略

- 生产：五金是中山市的特色支柱产业，其中以制锁最为突出，因此挑选制锁为打造的特色产业。
- 生态：呼应主题的生态锁，通过智慧园林的建造，大数据的分析与运用，对水体和绿地进行智慧生态监测，建立完善的评价与反馈机制。当生态系统受到威胁时，生态锁发挥其功能，对其进行自动或人工的防御机制。
- 生活：对周边生活进行隐私的保护，包括个人隐私、信息技术、安防、空间的私密性等等。

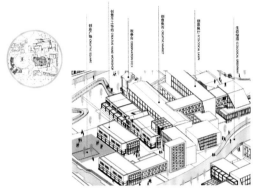

17.2.5 产业策略

通过对制锁产业的转型升级，主要以研发和展示功能为主，生产、销售、售后为辅。研发升级产品，增强其品牌形象。研发可衍生工业设计行业以及设计教育行业、企业运营管理教育行业。生产采用工业4.0模式，而展示可衍生工业博览会、行业高峰论坛等刺激消费与旅游。

17.2.6 建筑策略

1. 灵感来源

根据小榄的民俗文化，菊花、山水画、岭南建筑特色，"水色匝"飘色等提取灵感。

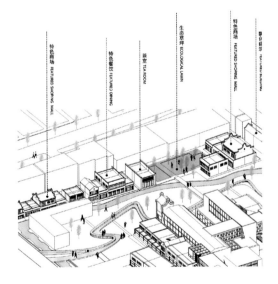

2. 改造

外立面改造、整体相连，根据前期的建筑评估分析，得出保留建筑与拆卸建筑，工业园的建筑进行外立面改造，整体通过屋顶相连，屋顶覆绿。

3. 新建

模块组合、居住定制策略，办公区域的建筑组合单元灵感来自古老的孔明锁，通过对体块旋转、平移、上升等自由灵活的移动方式，从而联合组成整体的办公园区。

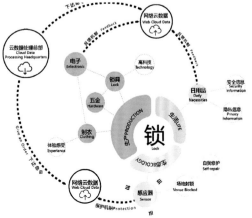

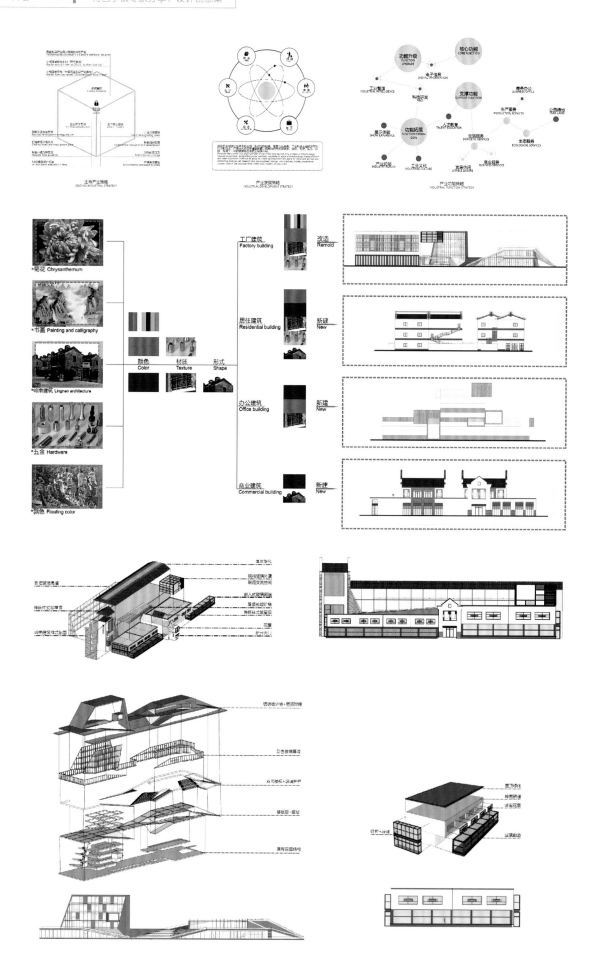

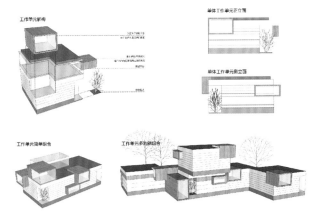

4．居住定制策略

（1）工作人员居住策略一

适宜单身人群的简单居住功能，内部空间为一间卧室、一间厨房、一间卫生间。外部通过楼梯进入二、三层空间。围合成相对私密的小组团。

（2）工作人员居住策略二

适宜三口之家以及已婚人士，内部空间为一间大卧室、一间小卧室、一间厨房、一间卫生间。外部通过楼梯进入二、三层空间。围合成相对私密的小组团。

（3）外部人员居住策略

适宜于来此处参观旅游的个人或结伴出游者，分为两类住房，一类内部空间为两间卧室、一间卫生间；另一类是一间卧室、一间卫生间。外部通过楼梯进入二、三层空间。此区域相对开敞。

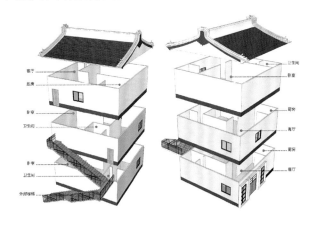

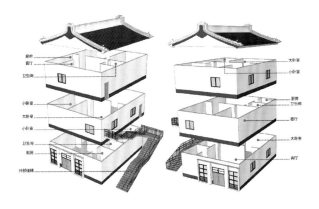

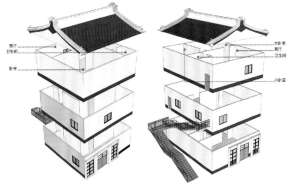

17.2.7　绿地水体策略

1．绿地

连接场地内外的绿地，在场内和场外形成生态廊道，在内部形成绿环，绿地率达到最大化。

2．水体

延长水流时间，模拟河流的自然生态环境，增加物种多样性，河道空间的处理形式分为三种。宅间河道（建筑退让空间）、生态湿地（滨水湿地空间）、密林河道（密林过渡空间）。

17.2.8 交通策略

以智慧出行、慢行系统、步行系统、水上交通、无人机运输等为主。

1. 畅通无阻的步行交通

倡导和鼓励园区活动人群优先考虑步行来抵达目的地，有利于加强人们之间的交流，也有利于缓解长期蹲坐造成的疾病，同时创造开放舒适的办公环境。

2. 多元化便捷的交通方式

创立多元出行系统，交通方式的多样性，增强了交通的便捷性。主要交通方式有小船和自行车，营造慢速、便捷、生态的智慧社区，恢复和引入小榄记忆，场地肌理得以延续。

3. 智慧交通换乘

中央智慧的枢纽，运用交通监控设备、大数据系统、移动互联网等手段，宏观调控辅助交通，如小船这些交通工具的通行速度和频率。满足上下班高峰期人群使用交通工具的需求，缓解园区内的通行压力，引导更快捷的通行路线。

17.2.9 植物配置策略

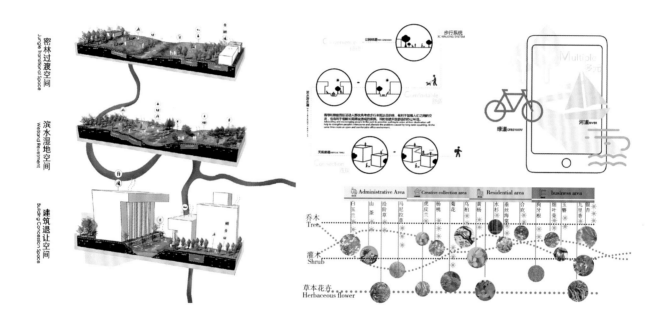

17.3 详细节点设计

17.3.1 展示区景观设计

设计元素包括：音乐互动墙、户外锁展览区、艺术草坪和展览信息综合体等。其中，展览信息综合体区域效果如图。

17.3.2 滨水湿地景观设计

设计元素包括：户外阶梯剧场、草坪露营地、生态湿地、观影台和绿道走廊等。效果图如下。

17.4　专家提问与点评

西南林业大学园林学院苏晓毅教授：你们方案里对于建筑改造和区域绿化是如何考虑的，可以详细介绍一下吗？

中南林业科技大学参赛代表武俊鹏：方案中做了一个建筑分析，我们在现场对建筑做了一个调研。第一个是建筑老旧程度的分析；第二种是一个建筑结构，比如说是一个毛坯房；第三个是一个现状，土地限制；第四个是通过一个高层的考虑。通过这四点，得出最后一个结论：弹性拆除的理念。我们可以看到红色部分是一个拆除的部分，绿色的是进行保留的，可以很清楚地看到一个比重。在总平面图中，可以看到的是一个总体的策略，作为一个生态建筑，大家看到的绿色其实是绿色用地，以前这里是工业用地，对这里进行一个整体的改造，所以它并没有拆除掉，拆除的可能是这种小片范围的，所以绝对是保证绿地的最大化，同时又保证了建筑的最低成本。

棕榈生态城镇发展股份有限公司技术中心总工程师吕辉：我想问一下，你们的方案是不是对整个场地扩大了？还有功能分区是怎么样的，现有的建筑怎么来保留，怎么结合？

中南林业科技大学参赛代表武俊鹏：对，我们方案总图将场地扩大了，因为作为一个景观专业的参赛者，希望的是它一个景观的延续性，总图扩大是想表达场地是一个城市绿廊的概念。第二个问题的解答：这是场地东北部的一个锁厂，有一些服装制造业啊还有一些小工坊，这些是不拆除的，因为它的高是18~20m左右，之前在我们的设计上是希望能保留的，现在看起来可能要拆除。第二点，在以前工业的基础上这是一个展示空间，因为这是一个

制造业，现在我们希望把它变成一个展示的空间，以锁为主题的展示空间。那这个片区，确实进行了一个拆除，它的拆除成本最低，建筑比较残破，那么我们希望在展示的过程上给变成一个科研的中心，使它的产业变成一个有力的生态链。还有一个是规划的一个居住用地，我们也是给它规划了一个作坊，采取的措施是一个模块化的一个理念，比如说有两人的有三人的，然后给科研人员，展示人员提供一个住宿；还有就是一个展示片区，也是没有拆除的，它原有的建筑也是很有意思，我们也是想和上面的工业场合连成一片，在外面建设一些岭南特有的一些元素。

18
CHAPTER
"棕榈杯"特色小镇设计创意邀请赛优秀队员游学报告

18.1 华南理工大学简萍：生态城镇建设游学报告

摘要：2017年11月19~21日，借由首届"棕榈杯"特色小镇创意设计邀请赛的游学考察活动，我们与来自全国各地几十所所高校的同学们一起参观考察了由棕榈生态城镇发展股份有限公司主导规划与建设的生态城镇项目：贵阳市云漫湖国际休闲旅游度假区、时光贵州主题商业街区、泉湖公园项目以及中山市中山故里项目等。作者通过对这些项目的参观考察，并结合已有的项目规划建设方案以及现场工作人员的讲解，参考借鉴近年来的其他优秀生态城镇建设案例以及生态城镇规划设计理论，从生态融合、产业发展的角度出发，对参观考察的项目在落实政策、规划设计、建设运营等方面的优缺点进行了分析，并在此基础上提出自己对于项目建设的一些意见与建议。

关键词：生态城镇；生态融合；景观生态格局；生态设计；低影响开发策略

1. 规划设计中体现生态理念

生态城镇项目的建设，肯定离不开"生态"二字。近年来，"生态"一词愈发频繁地出现在了我们的生活中，在国家经济发展的过程中，面对资源约束趋紧、环境污染严重、生态系统退化等问题的逐渐严重，"生态文明建设"越来越受到关注，尤其是十九大以来提出"必须树立绿水青山就是金山银山的理念"以来，从中央到地方也开始积极出台各种政策促进生态文明建设的长足发展，生态城镇的建设正是响应国家及政府的建设理念而应运而生的。

此次游学所考察的生态城镇项目，从规划定位的角度来说，项目都是在充分尊重已有的城市规划与生态规划的基础上进行的。以云漫湖国际休闲旅游度假区为例，在上位规划中，《贵阳市城市环境总体规划（2015−2025年）》提出了形成了"1个根本目标、2个空间格局、3个功能分区、4项调控对策、5项重要政策、6项保护对策"的规划内容。其中"3个功能分区"包括北部生态屏障保育与环境风险防范区、西部环境安全保障区和南部城市环境维护区。云漫湖国际休闲旅游度假区位置恰恰位于贵阳市的西北部，其规划愿景是成为贵州生态文明建设、生态修复治理的示范区，打造全国唯一生态文明国家级新区，既符贵州"十三五"生态建设规划要求，也符合贵阳市城市环境总体规划。云漫湖国际休闲旅游度假区的建设，成为贵阳市生态安全格局规划中空间结构中的重要一环，从宏观的意义上来讲，对于贵阳生态格局的优化也有着积极意义，其生态服务功能对于其所处片区以及整个贵阳市的自然环境保护有着重要的作用。

除了规划定位符合所处城市的上位规划外，从小尺度的范围来讲，此次游学项目本身在规划设计中也非常注重生态理念的构建与落实。以泉湖公园为例，公园在改造之前，所在区域是一个拥有381户农户和10家小作坊的大寨子，前有二手车市场，后有棚户区，废弃污水直排湖中，是白云区脏、乱、差的典型区域。在规划设计中，公园以还湖于民、还生态于民、还文化于民、中央公园复合发展、区域融合无缝对接的规划理念，以空山、孤山、无名山，泉湖，梵华里小镇，西普陀寺佛教文化中心形成"三山一湖一镇一中心"的格局。除了能够为周边居民提供一个高品质的游憩与活动空间之外，从生态的意义来讲，既改善了场地本身的环境，也为贵阳市白云区恢复了一块具有生态服务功能的斑块，对于净化城市空气、改变城市局部微气候、提升城市动植物的多样性等方面都有着积极的意义。

云漫湖国际休闲旅游度假区鸟瞰图

2. 建造过程中运用生态手法

项目除了能在规划设计落实生态理念外，在项目的建设过程中，各个项目都从自身定位出发，结合场地本身的自然气候及地理条件等，充分利用各种生态技术实现其生态理念，尽最大的可能充分发挥城市自然景观的生态服务功能。

以贵阳的生态城镇项目为例，贵州地区为典型的喀斯特地貌，土壤贫瘠，水土流失严重，在具体的场地设计中，这样的问题也非常突出。但是，此次考察的项目都能根据场地的实际情况，运用巧妙的设计，规避或者转化地形劣势，将喀斯特地貌的劣势转化为具有当地特色，识别性很强的特色景观。举例来说：云漫湖国际休闲旅游度假区中的岩石杜鹃园的规划设计过程中，通过严格的植物选种以及精细化的植物种植设计，将本来荒草丛生的毫无亮点的一片喀斯特岩石区改造成为了繁花似锦、独具贵州地域特色的岩石花园，通过对具有良好水土保持作用的植物的大量种植，还有效地防止了场地水土流失的问题。可以说是既富有艺术价值更具有生态意义的一项设计。

泉湖公园规划效果图

另外，在参观项目的过程中，我们通过讲解员的讲解也了解到，泉湖公园"禅谷秘境"景点的塑造也是因地制宜、充分考虑场地地形、就地取材的典型案例。在开挖水渠营造水景的过程中，将具有喀斯特地貌特征的场地内已有的石灰石挖出整理，

云漫湖岩石花园

进行石景的设计，给这些石头重新赋予了新的作用与内涵，同时在石景的点缀下，整个禅谷秘境更突显其幽深长远的氛围。设计为整个工程项目节约了成本，也充分体现了景观的地域特色。

在对项目考察的过程中，还有一点比较吸引我的是泉湖公园湖边草坪的设计，这块草坪在改造之前本来是湖边的一片垃圾场，设计通过对垃圾的填埋才形成了现有的这片草坪。而且考虑到游客的使用，草坪的地被品种也是经过了精心挑选的，通过资料的查找我们了解到泉湖公园在建设之初就专程选用从荷兰进口的混播型耐踩草坪。这种由矮生百慕大和黑麦草组成的冷暖混播草坪，虽然造价高于普通草坪两成以上，但最大的特点就是耐践踏，使得游客和市民能够尽情地亲近大自然。项目设计通过景观手段转变了场地的性质，并激发了场地的活力，这样的设计手法让我们见到了景观的生态性和可能性。

禅谷秘境意境图

除了上述的生态设计手法的运用，云漫湖国际休闲旅游度假区、泉湖公园以及时光贵州主题商业街区在建设过程中也大量采用了低影响开发技术，如设计了屋顶花园、透水铺装、生态草沟、雨水花园以及生态调蓄湿地等减少雨水径流及水质净化的设施形成一套完整的雨洪管理系统。这套系统的应用，可有效缓解城市内涝、削减城市径流污染负荷，同时，雨洪管理系统的蓄水功能对于像贵州这样容易产生水土流失

云漫湖湿地科普庄园区

的区域来说也是具有很强的适应性。除此之外，在设计建造过程中合理利用生态型污水处理设施对场地中人类活动产生的污水进行处理；以及通过精细的植物及生态因子规划形成一套完整的水生态系统，为动植物提供品质优良的栖息地等措施，都是即具有实用价值更具有生态价值的设计。

3. 小结

综上所述，本次游学所考察的项目，尤其是贵州的生态城镇项目，从规划定位到具体的规划设计以及更深一层次的生态技术的应用，都充分体现了项目的对于生态理念的重视。此外，项目的产品定位清晰，挖掘出当地的文化特色与独特的自然山水格局，从总体发展定位、旅游产业结构、旅游项目设计与产品开发等方面所进行的详细规划也考虑到了项目本身生态性的特点。为游客在项目中提供良好的食、住、行、游、购、娱的旅游体验的同时，也为游客体验认识自然生态，体验景观的生态性方面创造了条件。

作为贵阳市自然本底中的重要斑块，云漫湖国际休闲旅游度假区、泉湖公园等生态城镇项目的建设对于贵阳整体景观生态格局是具有积极意义的。但是，生态规划不仅仅只是停留在对于某一种或某一类生态理念的落实，而是要基于对区域景观生态格局的演变过程的充分考虑而提出的有适应性的规划策略。因此，作为整体景观生态格局中的一部分，项目在规划设计的过程中，不能仅仅只是给项目赋予一个口号般的生态使命，然后孤立地实现口号所要求的生态理念。而是应该基于对于区域景观生态格局的进行系统研究，考虑项目所处地块以及周边地块在生态演变过程，生态规划应该做到对区域景观生态格局所产生的变化有预见性，更有适应性。同时，景观生态技术的应用也应该充分考虑景观建设的过程性，以及对特定自然条件的适应性，应该是基于当地的自然地理特征而提出并实施的生态技术。在这种思想下践行的生态景观规划和生态设计，才具有真正意义的可持续性。

18.2　重庆大学马媛："棕榈杯"特色小镇项目考察报告

摘要：2017年11月19~21日，由棕榈教育咨询有限公司承办的首届"棕榈杯"特色小镇设计创意邀请赛以及在以"特色小镇可持续发展"为主题的系列活动中，几十所高校的同学齐聚一堂，从贵阳到中山，相继考察了云漫湖国际休闲旅游度假区、时光贵州、泉湖公园、中山故里。

关键字：生态城镇；可持续发展；商业模式；历史文化

1. 云漫湖国际休闲旅游度假区

大自然的厚礼，需要用心来解读，阳光、花香、风情，是取之不尽的生活佐料，而在"东方瑞士"得到了绽放……2013年，习近平总书记曾强调，贵州地处中国西部，地理和自然条件同瑞士相似。希望双方在生态文明建设和山地经济方面加强交流合作，实现更好、更快发展。2014年在生态文明贵阳国际论坛年会上，贵州省领导明确表示，贵州有可能通过学习借鉴努力建设"东方瑞士"。2017年，云漫湖国际休闲旅游度假区就这样破土而出。

结合贵州喀斯特自然地貌、以瑞士风情为特色、按照5A级标准来建造的云漫湖，有瑞士风情的小镇景观：欧式城堡风格的大门、金色的天使桥、洁白的教堂；又有森哒星生态度假公园——奇妙岛、彩虹园、冒险林、风之谷和漫游山，以欢乐家庭生态体验为主线，分别提供不同功能属性的惊喜度假体验。其中：奇妙岛以湿地科普知识为主，涵盖鸟语廊桥、飞鱼奇潭、石艺部落等内容，强调人与自然的亲密接触。彩虹园如同置身于七彩光影世界，高科技娱乐机械、各种攀爬设施带来惊险刺激。此外还有风车、羊圈、尖顶小木屋、蘑菇状木屋、儿童游乐园等，让人仿佛置身于童话世界。

云漫湖将人与自然相结合，借鉴采集了全球高端度假样本，用心打造贵州第一个真正的国际化非传统旅游项目。未来，这里的旅游接待会辐射整个贵州乃至大西南、珠三角、长三角范围及国外市场，年游客接待量将达200万人次以上，填补贵州高端精品游产品空缺，推动贵州旅游业特色化和产品多样化发展。

2. 时光贵州

由尚湖城团队倾力打造的贵阳城西休闲旅游主题商业街区、贵州100个特色旅游景区之一的时光贵州，位于贵阳百花湖、红枫湖之间，是一个集旅游、度假、休闲、娱乐为

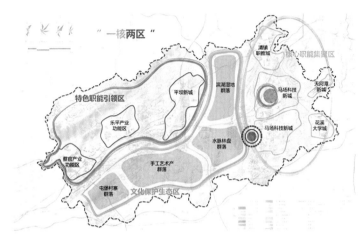

贵州"一核两区"规划

充满欧陆风情建筑的云漫湖休闲度假区

一体的休闲旅游地产项目，是贵阳首个以文化传承为基础的休闲旅游主题商业街区。在贵州省委省政府大力提倡努力打造全国生态文明建设，把贵州建设成为"东方瑞士"的背景下，"时光贵州"更是定位于"东方瑞士"的"因特拉肯（拉丁语：两湖之间的小镇）"。对贵州来说，时光贵州将是名副其实的东方瑞士的因特拉肯。

时光贵州项目总规划面积近6万 m²，邀请国际一流的规划建筑设计机构珂曼国际建筑设计有限公司倾力打造，集成风姿绰约的海派建筑、传统经典的明清屯堡建筑精粹于一身的休闲旅游主题商业街区。

"时光贵州"将整合精品温泉度假酒店、民族文化博物馆、主题婚纱广场、时尚摄影基地、产品发布基地、超大湿地景观公园等稀缺旅游度假资源，业态覆盖高端企业会馆、旅游商品零售、主题餐饮酒吧、休闲娱乐街区、艺术文化长廊等。打造融汇会馆、海派、民族等文化元素于一身的魅力景观，旨在突破贵州传统商业形态，引入风靡世界的休闲度假旅游主题商业模式，创造贵州财富新奇迹。

走进"时光贵州"，无论是在广场、屋内或者是在屋檐下，都能感受到浓厚的历史氛围，感知那些被我们忽略或未知的文化故事。"时光贵州"梳理了贵州上亿年的历史文化精髓，有较高的文化立意，是贵州文化集大成者。

3. 泉湖公园

泉湖公园位于贵阳市白云区，总占地面积约1080亩*，其中水域面积就有205亩，绿化面积达750亩，依托云山、孤山、空山、泉湖、西普陀寺"三山一湖一寺"人文自然景观，公园建有云楼、湖景、水景、湿地、污水处理、景观大道、园林绿化等多个项目。

过去的泉湖周边是个大寨子，住着380余户农户和10余家小作坊企业，污水直排湖中，是"脏乱差"突出的区域。如今，经过重新打造，泉湖已焕然一新，再现了"一湖依三山，清碧映云天"的湖光美景。

泉湖公园是白云区打造"诗意白云·云中七卷"的开篇之作，也是贵阳市27个"千园之城"示范性公园之一。泉湖公园以"还湖于民、还文化于民、还生态于民""中央公园复合发展"，以及"区域融合无缝对接"为开发理念，规划出"三轴一带"的公园格局，在传统的升级基础上，更是融入佛禅文化、生态文化、民俗文化、现代科技，打造出一个代言城市文化形象，承载休闲娱乐、体育健身、绿色生态、文化旅游等功能的城市公园。

4. 中山故里

孙中山故里位于广东省中山市翠亨村，南、北、西三面环山，东临珠江口，距中山市城区20km，距广州城区90km，距澳门30km，隔珠江口与深圳、香港相望。故里

* 1亩≈667m²。以下同。

时光贵州主题商业街区

时光贵州以明清屯堡建筑风格为主

时光贵州引入风靡世界的休闲度假旅游主题商业模式

泉湖公园地理区域规划

泉湖公园实拍图

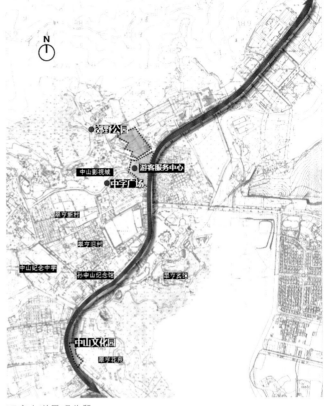

翠亨大道景观分段

孙中山故居

分为孙中山纪念展示区、翠亨民居展示区、翠亨农业展示区三处。孙中山纪念展示区包括孙中山故居纪念馆以及孙中山在翠亨村的其他历史遗迹；翠亨民居展示区展示了翠亨村清末民初各阶层的民宅和生活状况，再现了孙中山出生及其成长的历史背景。

孙中山故居是一幢砖木结构、中西结合的两层楼房，并设有一道围墙环绕着庭院。楼房上层各有七个赭红色装饰性的拱门。屋檐正中饰有光环的灰雕，环下雕绘一只口衔钱环的飞鹰。楼房内部设计用中国传统的建筑形式，中间是正厅，左右分两个耳房，四壁砖墙呈砖灰色勾出白色间线，窗户在正梁下对开。

孙中山故里旅游区是广东最具代表性和影响力的历史文化景区，在推进祖国统一、团结海内外华人华侨同胞、实现中华民族伟大复兴的中国梦方面具有深远的时代意义。

5. 结语

3天的项目考察从旅游度假区到商业街区，从公园改造到名人故里，类型多样，产品多维，也让我们意识到特色小镇的发展应因地制宜，遵循场地发展轨迹，突出当地之"特"，延续"三生"一体的脉络，最终才能在全球化进程中完成中国的特色小镇的可持续发展。

18.3 华南理工大学熊雨：云漫湖国际休闲旅游度假区游学报告

摘要：文章以笔者在贵州省贵安新区云漫湖国际休闲旅游度假区调研时所见所闻为主，通过介绍此项目建设的项目背景、建设内容及主要景点，记录调研后的所见所感所想。

关键词：贵州；贵安新区；云漫湖；游学报告

1. 项目简介

云漫湖国际休闲旅游度假区地处贵州省贵安新区核心区，总规划用地5.7km²，总投资额约80亿元。以生态、环保为理念，以自然景观和瑞士风情为特色，铸就"东方瑞士"样板。度假区根植于贵安新区马场河流域及高峰山景区资源特色，结合瑞士乡村模式，以生态度假旅游、生态特色农业、休闲生活居住为主导功能的5A级标准"国际休闲旅游度假区"，采用对原有生态系统的保护修复及人文开发模式，打造贵安E时代"国际休闲旅游度假

生态湿地公园实拍

维纳斯殿堂

云漫湖的树屋

天鹅堡

区"核心区和海绵城市样板示范区。

项目已经建成的云漫湖国际社区（东区）、云漫湖国际度假区（西区）两大板块，以智慧小镇、欢乐小镇、健康小镇、体验小镇、金融小镇、创客小镇构建"贵安六镇"的理念，打造云上贵州生态城镇乌托邦。其中，东区占地1.6km²，集高端居住、家庭休闲娱乐购物、金融商务平台于一体，建设具有国际风范的中央活力区和家庭娱乐商业新地标；西区占地约4.1km²，以"一心三片"的结构布局，一心包括生态湿地和瑞士小镇两个部分，集聚酒店、餐饮、商业、游乐、居住的等旅游综合配套设施，承担着旅游区主入口的功能。三片分别为养心度假区、综合休闲区和生态农业区，共同构筑一个集高端度假酒店、生态亲子体验、田园观光、有机农业种植、禅修、农业创客平台等多功能为一体的国际休闲旅游度假区。

2. 主要调研景点

云漫湖旅游区在2016年首发了三大产品，分别为森哒星生态度假公园、瑞士国际康养小镇以及国际亲子度假村。在旅游区调研期间，给我印象最深的就是森哒星生态度假公园。森哒星生态度假公园占地2200亩，首期以奇妙岛、彩虹园、冒险林、风之谷和漫游山五大主题区域组成，包括鸟艺大咖秀、妙想世界、书屋环游记、星空营地、维纳斯殿堂等具体景点，以欢乐家庭生态体验为主线，分别提供不同功能属性的度假体验。

（1）维纳斯殿堂

维纳斯殿堂建在一片大草坪上，红色的屋顶与绿色的草坪色彩上形成对比，尖顶形式的屋顶丰富了整个场地的天际线，极其富有诗意。整个设计使得游客在远处一眼便可看见维纳斯殿堂，成为场地上的景观焦点。大大的草坪为游客提供了广阔的活动场地，方便游客在上面嬉戏玩耍。轻轻踩在大草坪上，松软的触感就像踩在棉花糖上，如果累了还可以躺在大草坪上嬉戏玩耍，或是全家人一起来这里野餐聚会。

（2）树屋环游记

在云漫湖风景区，这些为孩子们准备风景随处可见，站在路边的可爱的娃娃，低着头吃草的小牛。还有童话中经常出现的树屋。树屋环游记简直就是小孩子玩乐的天堂，高高竖起的大树在很远的地方便可看见，奇特的造型很具有吸引力。走进树屋，里面设计有爬梯、吊桥，可攀爬的"笼子"，在里面可以满足小朋友们爬上爬下的活动需求，十分有趣，就连大人也忍不住要进去体验一下。色彩上也是以绿色搭配跳跃的红色为主，使得重点的活动项目突出可见。

（3）天鹅堡

云漫湖旅游度假区以"东方瑞士"为整体定位，整个云漫湖度假休闲区给人的感觉都是一种异国风情，在每个风景点，投资方都精心营造了一种身处异国的感觉。远处林中的天鹅堡坐落湖边，显得庄重典雅，眺望湖对岸，风车、羊圈、尖顶小木屋、蘑菇状木屋等一系列景观吸引着我们眼球。

天鹅堡主题建筑采用欧式古堡的建筑形式，室内装潢典雅华丽，富有情调。建筑外的园林，以典型的欧式几何对称状布局，与建筑风格协调一致。园林内形成一条明显的中轴线，轴线上布置有天鹅堡、景观喷泉、码头等主要建筑及景观。

（4）湿地公园

贵安新区以生态文明示范作为目标，云漫湖旅游度假区的建设愿景是要集成先进的生态技术，打造为贵州生态文明建设、生态修复治理的示范区。园区建

湿地公园

设中汲水廊道采用凹式绿地、透水性人行道等初步净化雨水，初步净化的水体流经水塘、河道等再次净化后，最后流入生态湿地净化。因此园区内的湿地公园不仅具有游赏的功能，同时也是净化水体的绿色基础设施，起到了生态教育示范的作用及意义。在湿地公园内，随处可见长势茂盛的湿生植物，高高的芦苇随风摇曳，在水面上漾起层层涟漪，搭配着远处朦朦胧胧的山峦，就仿佛走进了画中一样。身处于此，不仅被这自然风化所迷住而流连忘返。

3. 总结

在经过对云漫湖旅游度假区的湿地考察调研后，笔者深深地被其优美的景色以及有趣的活动项目所迷住。景观上结合贵州喀斯特自然地貌、以瑞士风情为特色，这在贵州，甚至全国都算是仅有的。生态上通过治理水系，疏通水体，保留了其地块内原本最具识别性的山水格局，缔造绿色乌托邦，给人留下印象深刻。活动上以家庭亲子类为主，除了游乐设施，还有儿时常见的跷跷板、秋千、滑梯以及供亲子游玩的管道式项目，这一切，让我们仿佛置身于童话故事中，勾起了无限的遐想。

"棕榈杯"特色小镇设计创意邀请赛活动花絮

19.1　参赛队伍到埗采访

　　2017年11月19日，贵阳云漫湖休闲小镇，与美同行·2017特色小镇发展（广东）研讨会及首届"棕榈杯"特色小镇设计创意邀请赛正式启动。首届"棕榈杯"特色小镇设计创意邀请赛从2017年10月8日开始并一直持续到11月23日。此次邀请赛以"特色小镇可持续发展"为主题，由高校师生组成的参赛队伍以提交"特色小镇规划设计方案"或"特色小镇发展调研报告"为作品形式进行。

　　在2017年11月18日，各个参赛高校队伍陆续乘坐交通工具达到贵阳。刚踏进贵阳，作为活动承办方的棕榈教育咨询有限公司的工作人员早已等候在高铁站和机场接待参赛队员，并进行了采访。

19.2　生态城镇项目考察花絮

11月19日，在贵安新区云漫湖休闲小镇的系列活动启动仪式上，全国风景园林专业学位研究生教育指导委员会委员、棕榈生态城镇发展股份有限公司吴桂昌董事长为活动进行了精彩的开幕致词，并宣布2017特色小镇（广东）发展研讨会及"首届'棕榈杯'特色小镇设计创意邀请赛"系列活动正式启动。接着，承办方的棕榈教育咨询有限公司产品总监黄伟先生为在场的领导、嘉宾和各个高校师生介绍了棕榈股份在生态城镇建设领域的愿景、规划、布局和成绩，并讲解了多个棕榈股份生态城镇标杆项目的概况。

在活动期间，全国风景园林专业学位研究生教育指导委员会相关委员来到了贵阳尚湖城国际会议中心，参加全国风景园林专业学位研究生教育指导委员会三届二次会议。

在整个"棕榈杯"特色小镇设计创意邀请赛中，参赛队伍可以考察多个棕榈股份项目，包括贵州贵安新区的云漫湖休闲小镇、贵阳市的泉湖公园和时光贵州以及中山市的孙中山故里等，从中让各支参赛队伍师生更加了解棕榈股份在生态城镇上的规划、设计和落地等一系列举措及成果。

1. 贵阳·云漫湖休闲小镇

云漫湖地处贵安新区核心区，总规划用地5.7km²，总投资额约80亿元。项目核心意境区从项目动工到开园，仅仅171天，棕榈股份通过设计与施工的高效协同，将原来的生态肌理和景观、村落等进行保护性开发，重新呈现在世人面前。

云漫湖以生态、环保为理念，以自然景观和瑞士风情为特色，铸就"东方瑞士"之心。以大景观视野将山水石花进行自然修复和整合，作为当地通往落脚者内心世界深处的全景图像表达。

2. 贵阳·时光贵州

时光贵州是一座浓缩贵州数亿年历史，并以屯堡文化为核心，萃取贵州历史故事，并融入西式商业化风格。明清屯堡建筑与民国欧派建筑在这里并存，军屯通过寨墙、碉楼、江南小桥流水融绘出怀旧的老屯堡文化；商屯里处处都体现了奢华、私密的会馆文化；官屯融入老上海元素，重现了王伯群和何应钦等民国人物故居的风貌。

3. 贵阳·泉湖公园

贵阳市白云区泉湖公园原名南湖公园，总占地面积约1080亩，其中，水域面积205亩，绿化面积达750亩。泉湖公园的建设，将带动周边2000余亩土地增值20亿元以上，撬动社会资本投资200亿元以上，创造税收近6亿元；还盘活周边5家烂尾、滞销楼盘60余万m²，实现销

售收益净增8亿元。无论是生态价值、景观价值，还是经济价值、社会价值，都极其可观、十分巨大。

4. 中山·泉湖公园

棕榈股份参与了孙中山故里旅游区基础设施项目核心区域内的核心景区建设，在项目建设中，秉承生态性、文化性、易操作性三者有机融合的总体设计原则，采用EPC（Engineering Procurement Construction）总承包模式进行项目运作。

施工范围包括：翠亨大道立面改造和景观绿化提升工程、梨头尖山登步道工程、游客服务中心工程等多个子项目，并在确保项目质量的前提下，将正常需要3年左右的项目建设工期缩短为仅5个月左右，赢得中山市政府及社会各界的广泛赞誉。

19.3 "棕榈杯"特色小镇设计创意邀请赛回顾

在经过贵阳和中山两地数日的考察后，参加首届"棕榈杯"特色小镇设计创意邀请赛的队伍，紧锣密鼓地完善自己的参赛作品。

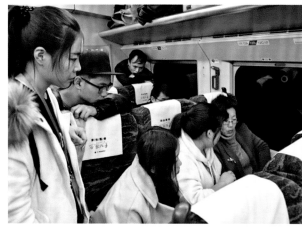

　　2017年11月23日，经过紧张的竞赛阶段，首届"棕榈杯"特色小镇设计创意邀请赛终于来到了竞赛方案提案的时刻。当天，首届"棕榈杯"特色小镇设计创意邀请赛作品评委会评审主席李雄（北京林业大学副校长，风景园林学教授、博士生导师）以及评审委员丘衍庆（广东省建设委员会党组秘书、广东省城乡规划设计研究院院长）、吴桂昌（棕榈生态城镇发展股份有限公司董事长、全国风景园林专业学位研究生教育指导委员会委员）、刘伯英（清华大学副教授、北京清华安地建筑设计顾问有限责任公司总经理）、刘滨谊（同济大学风景园林学科专业学术委员会主任）、郭青俊（国家林业局林产工业规划设计院院长、党委副书记）、陈弘志（香港高等科技教育学院环境及设计学院院长）、苏晓毅（西南林业大学园林学院教授、博士生导师、国家一级注册建筑师）、吕辉（棕榈生态城镇发展股份有限公司技术中心总工程师）、周春光（全国风景园林专业学位研究生教育指导委员会秘书处办公室主任）齐聚一起，听取参赛队伍的作品汇报。

经过了近一个月的紧张竞赛，各支队伍在2017年11月23日完成作品提案，并经过竞赛评审团评定，于11月24日公布赛果。首届"棕榈杯"特色小镇设计创意邀请赛的获奖名单如下表所示。

地区	城市	学校	获奖情况
粤港	广州	中山大学	最佳社会责任奖
		暨南大学	调研报告组三等奖
		华南理工大学	规划设计组一等奖、最佳乡土建筑奖
		华南农业大学	最佳手绘图奖、最佳生态理念奖
		广州美术学院	规划设计组三等奖、最佳社会责任奖
	香港	香港高等教育科技学院	规划设计组二等奖、最佳生态理念奖
华东	杭州	浙江农林大学	最佳植物设计奖
	南京	东南大学	规划设计组三等奖
		南京农业大学	规划设计组二等奖
		南京林业大学	规划设计组三等奖
华北	北京	北京大学	最佳社会责任奖
		北京林业大学	规划设计组三等奖、最佳乡土建筑奖
华中	长沙	中南林业科技大学	最佳社会责任奖
	武汉	华中农业大学	最佳夜景应用奖、最佳社会责任奖
西部	西安	西北农林科技大学	最佳植物设计奖、最佳生态理念奖
	重庆	重庆大学	规划设计组一等奖、最佳手绘图奖、最佳夜景应用奖

一等奖：重庆大学
指导老师：杜春兰
队伍成员：马媛、周恒宇、彭鹏、石玮泰
作品名称：霓裳4.0服装创意产业园区

一等奖：华南理工大学
指导老师：林广思
队伍成员：吴文杰、李丽晨、熊雨、简萍
作品名称：览山·揽水·榄智城——中山市小榄智创特色小镇核心示范区概念设计

二等奖：南京农业大学
指导老师：张清海
队伍成员：汪逸伦、杨笑、吴易珉、孙乐萌
作品名称：
Creativity. Combine. Circle & Chrysanthemum Centter

二等奖：香港高等教育科技学院
指导老师：史舒琳
队伍成员：郑晓荷、翁梓贤、林汉庭、温芷欣、吴冠平
作品名称：芯

三等奖：暨南大学
指导老师：文吉
队伍成员：刘欣、刘晓芬、林珊珊、焦骏轩
作品名称：小榄镇菊城智谷特色小镇产业发展创新模式研究

三等奖：广州美术学院
指导老师：王铭
队伍成员：陈恩恩、郑梓阳、李婧、黄业伟
作品名称：小榄智造博物集群——小榄特色小镇概念策划设计

三等奖：东南大学
指导老师：成玉宁、徐宁
队伍成员：王羽、彭梅琳、马文倩、冯雅茹
作品名称：文创相汇生态园，菊城交融智慧谷

三等奖：南京林业大学
指导老师：王浩
队伍成员：李晨颖、郎碧峥、唐雅馨、高瑜凡
作品名称：一水榄幽山，居然城市间

三等奖：北京林业大学
指导老师：李运远、郑曦
队伍成员：陈泓宇、钟姝、梁淑榆、陈宇
作品名称：萌发的小榄镇

最佳生态理念奖：华南农业大学
指导老师：张文英
队伍成员：林尚江峰、涂若翔、张文祎、陈赉宇

最佳社会责任奖：中南林业科技大学
指导老师：吕振华
队伍成员：黎燊培、武俊鹏、骆栋、赵庆芸

最佳生态理念奖：香港高等教育科技学院
指导老师：史舒琳
队伍成员：郑晓荷、翁梓贤、林汉庭、温芷欣、吴冠平

最佳生态理念奖：西北农林科技大学
指导老师：张延龙
队伍成员：李英奇、张希、关之晨、陈迎春

最佳社会责任奖：中山大学
指导老师：曾国军
队伍成员：吴洁、杨兵、孟斐、周舟

最佳社会责任奖：华中农业大学
指导老师：张斌
队伍成员：高银、陈楚熙、梁芷彤、杨镜立

最佳社会责任奖：广州美术学院
指导老师：王铬
队伍成员：陈恩恩、郑梓阳、李婧、黄业伟

最佳社会责任奖：北京大学
指导老师：沈体雁
队伍成员：李泽宇、姚昕言、郭泽丰、王瑾、刘沛宜

最佳植物设计奖：西北农林科技大学
指导老师：张延龙
队伍成员：李英奇、张希、关之晨、陈迎春

最佳乡土建筑奖：华南理工大学
指导老师：林广思
队伍成员：吴文杰、李丽晨、熊雨、简萍

最佳夜景应用奖：重庆大学
指导老师：杜春兰
队伍成员：马媛、周恒宇、彭鹏、石玮泰

最佳夜景应用奖：华中农业大学
指导老师：张斌
队伍成员：高银、陈楚熙、梁芷彤、杨镜立

最佳手绘图奖：重庆大学
指导老师：杜春兰
队伍成员：马媛、周恒宇、彭鹏、石玮泰

最佳手绘图奖：华南农业大学
指导老师：张文英
队伍成员：林尚江峰、涂若翔、张文祎、陈赓宇

最佳乡土建筑奖：北京林业大学
指导老师：李运远、郑曦
队伍成员：陈泓宇、钟姝、梁淑榆、陈宇

最佳植物设计奖：浙江农林大学
指导老师：晏海
队伍成员：武诗婷、鲁攀力、王明鸣、赵亚琳

最佳指导老师奖
重庆大学：杜春兰
华南理工大学：林广思
香港高等教育科技学院：史舒琳
南京农业大学：张清海

最佳个人表现奖
南京农业大学：孙乐萌
南京林业大学：李晨颖
东南大学：冯雅茹

对于此次举办"棕榈杯"特色小镇设计创意大赛，全国风景园林专业学位研究生教育指导委员会秘书长、北京林业大学李雄副校长给予了高度的评价。他说到：当前特色小镇、新型城镇化建设发展得如火如荼，这正是风景园林行业最为关注的热点，"棕榈杯"正好成为全国风景园林专业学位研究生教育指导委员会进一步加强风景园林专业学位人才培养职业需求导向、提高风景园林专业学位实践能力、创新风景园林专业学位才培养产学结合途径的新尝试。

全国风景园林专业学位研究生教育指导委员会秘书长、北京林业大学李雄副校长给予高度评价

他指出，这次邀请赛不是单纯的设计邀请赛，实际上是风景园林专硕学位同学很好接触企业、接触社会的一个接触点。在参赛过程中，各个队伍到棕榈股份的项目中考察、调研，并进行了头脑风暴，再到方案形成，实际上是一个全面的历练。

作为本次"棕榈杯"的承办单位，棕榈生态城镇发展股份有限公司吴桂昌董事长也对此次邀请赛寄予厚望。在接受南方电视台和中山小榄镇电视台采访时，他提到本次邀请赛围绕生态城镇建设主题，通过邀请全国有代表性高校以组队提交特色小镇规划设计方案或特色小镇发展调研报告为作品形式进行，能进一步加剧新时代新型城镇化建设与高等教育人才培养之间的化学反应，推动风景园林专业学位人才培养与行业企业间的互信、互助和互动。

棕榈生态城镇发展股份有限公司吴桂昌董事长接受访问

另外，棕榈教育咨询有限公司付强总经理在接受采访时说到，首届"棕榈杯"特色小镇设计创意邀请赛以小榄特色小镇核心区——创意产业园及城市街区改造更新项目作为设计项目，并在整个"棕榈杯"特色小镇设计创意邀请赛中，参赛队伍可以考察设计项目地和多个棕榈股份项目。通过实地的考察，可以让参赛队伍在调研或设计时充分考虑土地利用、城市景观、生态环境保护、防洪排涝等方面的要求，同时也考虑到当地产业现状、城市发展概况、城镇化进程等各要素，实现产业、规划、文化等多方统筹协调。以便能够

棕榈教育咨询有限公司付强总经理接受访问

在规划设计和产业研究充分体现地方特色，打造兼具小榄风格和时代品味的城市景观空间与产业发展模型。

另外，付强总经理还提到，本次竞赛的各个队伍表现都非常好，其大多数作品都可以最大限度体现"景观的可能"理念、重视地域性特征，关注自然与乡愁，关注对于生态城镇整体建设发展模式的探索，关注特色小镇建设中产业与内容两方面的结合。